大国治水

翟平国◎著

中国言实出版社

图书在版编目（CIP）数据

大国治水 / 翟平国著. —北京：中国言实出版社，2016. 9

ISBN 978 - 7 - 5171 - 1995 - 1

Ⅰ. ①大… Ⅱ. ①翟… Ⅲ. ①水利工程—概况—中国 Ⅳ. ①TV

中国版本图书馆 CIP 数据核字（2016）第 221257 号

出 版 人：王昕朋
责任编辑：邓见柏
文字编辑：李　琳
封面设计：徐　晴

出版发行　中国言实出版社

地　址：北京市朝阳区北苑路 180 号加利大厦 5 号楼 105 室
邮　编：100101
编辑部：北京市海淀区北太平庄路甲 1 号
邮　编：100088
电　话：64924853（总编室）　64924716（发行部）
网　址：www:zgyscbs. cn
E - mail：zgyscbs@ 263. net

经　　销　新华书店
印　　刷　北京温林源印刷有限公司
版　　次　2016 年 11 月第 1 版　2016 年 11 月第 1 次印刷
规　　格　710 毫米 × 1000 毫米　1/16　11. 5 印张
字　　数　174 千字
定　　价　36. 00 元　ISBN 978 - 7 - 5171 - 1995 - 1

序　言 FOREWORD

水是地球的生命之源，水也使人类“辟草昧而致文明”。纵观人类生存繁衍的历史，就是一部因水而兴的演进史，河流供养生命，推动社会发展，也使地球充满生机。纵观五千年中华文明发展史，就是一部可歌可泣的治水史，从大禹治水开启华夏文明的第一页，到秦汉时期的都江堰、灵渠、郑国渠，再到隋唐时期大运河，每一次治水实践的巨大成功，都是中华民族兴利除弊能力不断提升的新坐标。历代善治国者均以治水为重，或兴水利，或治水害，或通漕运，或以治水之道治理国家，历史上出现的一些“盛世”局面，无不得力于治国者对水利的重视，得力于水利建设及其成效。

不仅在中国，治水也是世界多数国家面临的共性问题，治理水患，科学配置水资源历来都是人类无可回避的重大课题。当今世界，随着经济的发展和人口的增加，人类对水资源的消耗量急剧增长，再加上人为浪费，水资源紧缺已经成为人类面临的最为严峻的现实问题之一。水短缺、水污染等水危机已成为制约各国经济、社会、生态环境可持续发展的重要因素。可以说，水问题既是资源问题，更是关系到经济社会可持续发展和国家长治久安的重大战略问题。

《大国治水》就是这样一部站在人类生存发展的历史高度，讲述人类文明史就是一部宏大的治水史的纪实作品。作者以水创造生命，培育人类文明为背景，从生命的存在与发展都离不开水这一角度出发，提出了治水是关系到国家、民族乃至人类的生存或毁灭的峻切问题。从农耕文明时代讲到工业文明时代再到后工业文明时代，通过人类数千年改造江河、利用水资源的历史进程，深刻阐述了“善治国者必先治水”这一重大治国理念。站在水资源危机和保障国家水安全的战略高度，现实客观地呈现出中国水资源和治水的纷繁状况问题，深刻揭示了治水在当代中国乃至当今世界的重要战略地位。同时，站在水利保障国家粮食安全、防洪安全、供水安全、经济安全、生态安全的宏观角度，全景式回顾了近年来中国在水资源管理保护、开发和利用的重大战略部署和践行可持续治水思路，保障国家水安全取得的可喜成就。同时，告诫人们，只有人水和谐共处，才能维护和保障人类社会可持续发展这一重大现实命题。可以说，这是一部立意高远、视野宏阔、内容丰富、内涵深刻的大书。

治水从来都不单纯是技术概念，重要的是以什么方法、什么思想治水。治水不止是对人类有利，还要对水有利，对人与自然都有利，这才是治水的完整意义。随着经济社会持续快速发展，我国水资源形势严峻，频发多发的严重洪涝干旱灾害使得经济快速发展的中国旱不得、淹不起。水生态恶化日益严重，水资源短缺、水生态损害、水环境污染愈加突出，强化水治理、保障水安全的要求越来越迫切。作者置身于水利部门，长期从事水利工作，对数千年的治水历史进行深入研究，认为今天的治水，不再是对自然一味的征服，而是对水的合理利用，不是对自然的无度索取，而是对水资源的有机整合，是对生态的系统性保护。科学的决策、科学的开发利用，对于保障国家水安全至关重要，以敬畏之心面对自然江河，向自然河流做出一些让步，把人类与水的冲突最小化，才能臻于天人合一的和谐之境，足以洞见作者高远的立意。

水兴则邦兴，水安则民安。翻开《大国治水》，一幅治水兴水、人水和谐的美丽画卷正在眼前徐徐打开，放眼未来，作者又用鼓舞人心的笔触，清晰描绘出未来治水兴水的宏伟蓝图。毫无疑问，这是一部融汇中国治水历史和现实治水思想的力作，具有一定的史志价值。而对现实中国水问题忧患，也可以看出作者对于此次写作的投入用心。可以说它的出版正逢其时，应该得到充分的肯定和推广。

开启“十三五”规划的关键阶段，在建设美丽中国的征途上，我国又将重塑怎样的“水战略”，为经济社会发展提供强有力的水支撑。正如作者所讲，“大国治水就是让我们的子孙后代不再遭受波涛汹涌的水害，不再面对干涸难熬的旱灾，不再为有河皆污的现实担忧。水利中国就是治水如治国的生命框架，在这个前提下完成中国的治水大业，功在当代，利在千秋。”

有道是为天地疏经脉、为江河定安宁、为百代兴水利、为万世送甘霖。只要牢固树立尊重自然、顺应自然、保护自然的生态文明理念，统筹好水资源开发与保护关系，更加注重水生态保护，勠力同心、久久为功，江河更加安澜、山川更加秀美的美丽中国愿景可期！

是为序。

中国散文学会名誉会长
中国报告文学学会顾问　周　明
中国现代文学馆原副馆长

2016 年 5 月

目　录 CONTENTS

引　子
生命之源　人类文明的塑造者

1. 生命的摇篮

尽管人类一直不停地探索，但依旧没有新的发现。

迄今为止，地球依然是我们已知的宇宙中唯一有生命存在的星球。因为地球有大量的液态水，才在亿万年的沧桑巨变之中孕育了生命，进而有了万物之灵的人类。

1961 年 4 月 12 日清晨，“东方号”航天飞船第一次实现人类遨游太空的梦想，27 岁的苏联航天员尤里·加加林透过舷窗俯瞰地球，眼前是一个充满神秘色彩的蔚蓝色星球，人类赖以生存的陆地宛如海洋中的几叶扁舟，显得格外渺小。

从太空中俯瞰这颗美丽的蓝色星球，作为智慧的主体，人类可以领悟到水对生命的至高意义。

公元前 6 世纪，被称为“科学和哲学之祖”的西方第一个自然科学家，古希腊哲学家泰勒斯，第一次提出“水生万物，万物复归于水”的哲学观点。他通过在古埃及观察尼罗河洪水，仔细阅读尼罗河水每年涨退的记录，并查看洪水退后的现象，发现每次洪水退后不但留下肥沃的淤泥，还在淤泥里留下无数微小的胚芽和幼虫。他把这一现象与埃及人原有的关于神造宇宙的神话结合起来，得出万物由水生成的结论。他认为世界的本原是水，水是世界初始的基本元素，而他的格言就是“水是最好的”。

我国古代伟大的哲学家和思想家老子说，“上善若水。水善利万物而不争，处众人之所恶，故几于道”。其基本内涵就是水有滋养万物的德行，它使万物得到它的利益，而不与万物发生矛盾、冲突，故天下最大的善性莫如水。他认为上善的人，就应该像水一样，造福万物，滋养万物，却不与万物争高下，这才是最为谦虚的美德。

约46亿年前，地球形成之初，首先出现了地壳，又陆续形成了海洋和大气。约35亿年前，最早的生命出现于海水之中，自此生命与水结下了不解之缘。

在科学技术并不发达的远古时代，人们只有通过自我的感知和对宗教传说的认知，理解水对于生命的重要意义。而现代科学研究证明，地球上的一切生命都发生在水中，生命体在数十亿年进化和发展中，水是构成一切生物体的基本成分，不论是动物还是植物，均以水维持最基本的生命活动。

生命体不断地与环境进行水分交换，环境中水的质和量决定了生命的分布、种类的组成和数量，以及生命延续的重要因素。最初，水孕育的最简单的单细胞藻类，依靠海水贮备的大量热量，得以生存。随着生物进化，单细胞生命进化为多细胞生命，之后渐渐进化为原始水母、海绵、三叶虫……大约两亿年前，地球出现了爬行类、两栖类、鸟类等动物，在经历了哺乳动物、古猿进化后，大约300万年前，有智慧的人类出现。因此说，生命产生于水，水成为今天人类在地球以外的星球寻找生命的先决条件。

而人体的水分，大约占到体重的70%。水充满人体的各种组织与器官，没有水，血液不能流动，营养不能吸收，废物不能排泄，身体陷入瘫痪。科学研究表明，没有食物，人可以活两个月左右，而如果没有水，最多只能坚持一周左右。

水不仅是一切生命体所必需的基本元素，也是几乎所有的植物有机体的最大组成部分，植物的含水量为60%—80%，地球的生态系统也离不开水，森林生态、草原生态系统，其生存与发展离不开水，如果没有水，湖泊干涸，河道断流，湿地消失，将发生巨大的生态灾难。

追溯地球从诞生初期的一个荒凉寂寞、毫无生机的星球到万物生长、生机勃勃的世界，从没有花草树木、飞禽走兽到人类主宰地球的漫长历程，完全可以证明，没有水就不会有生命的产生，没有水就不会有生命的延续，没有含有大量水分和使水分循环的有机体，生命就不能进化到人类这一高级阶段。

而在人类社会发展的历程中，水同样起着举足轻重的作用。水使人类和地球上一切生物得以生存和延续，最终也使人类“辟草昧而致文明”。

在农耕时代，人类学会了利用水灌溉农田，获得食物。人类进入工业化时代，工厂用水来维持正常生产，主要生产环节都有水的参与。1993年，英国学者约翰·安东尼·艾伦提出“虚拟水”的概念，用以计算食品和消费品在生产和销售过程中的用水量，即凝结在产品和服务中的虚拟水量，并在2008年获得斯德哥尔摩水奖。这一概念指出，人们不仅在饮用和淋浴时需要消耗水，在消费其他产品时也会消耗大量的水。比如，1台台式电脑含有1.5吨虚拟水，1条斜纹牛仔裤含有6吨虚拟水，1千克小麦含有1吨虚拟水，1公斤鸡肉含有3—4吨虚拟水，1公斤牛肉含有15—30吨虚拟水。“虚拟水”概念提出以来，此理论已经在水资源短缺的国家和地区得到了一定的应用。约旦和以色列等一些干旱国家已经有意识地制定了规划政策以减少高水分产品的出口，特别是农作物的出口。实际上，这些国家已将虚拟水视为非常重要的、增加的水资源，他们以虚拟水形式进口的水量已经远远超过了其出口的虚拟水量。据有关专家估算，中东地区每年靠粮食贸易购买的虚拟水数量相当于整个尼罗河的年径流量。

水对于人类的重要性不言而喻。而在我们生存的地球上到底有多少水呢？

70%，这是水占地球表面积的比例，同样是水占人体总重量的比例。地球表面约有13.8亿立方公里的水，其中约97%为海水。

在这个蔚蓝色的星球，尽管水资源很丰富，但大部分的水对人类生存毫无用处。淡水资源只有3500万立方公里，仅占所有水资源的2.53%，而近70%的淡水又冻结在南极和格陵兰岛的冰层中，其余多为土壤水分或深层地下水，不能被人类利用。全球真正有效利用的淡水资源每年约有9000立方公里，也就是说，地球上只有约0.007%的水资源可为人类直接利用。

有人形象地比喻说，在地球这个大水缸里，人类可以用的水只有一汤匙。

人类所依赖的这只有不到千分之一的淡水依然来自于海洋。而获得这有限的水并不容易，因为淡水有着自己的生命周期和复杂的产生过程。

水分子一直悬浮在我们周围，但我们无法用眼睛看见。当阳光照射海洋，水分子受热蒸发，聚集成云时，我们才注意到它的存在。水分子通常只能在大气中停留 9 天，之后便会落回大地。当大量的云积聚在一起后，便形成降雨，这一重要的过程，成功地将水从海洋输送到大地。

雨水降落后，会进入一个更大的体系，汇入江河。河流和降水是人类依赖最多的循环水，但它们只占全球淡水总量的 2%。地球上其余的淡水资源被封存于地表，绝大部分以冰的形式存在。剩下的绝大部分，渗入地下，形成地下水。深藏于地层深处的地下水，是地球上存储量第二的淡水资源。约占淡水总量 30% 以上的淡水深藏在我们的脚下。

但是所有的水都要回归海洋，水循环周而复始。在这个不停的水循环里，人类就得不停地找水。

人类寻找水的历程从一个巨大的冰盖开始。大约在 13000 年前，北半球大部分地区被一个巨大的冰盖覆盖，这个巨大的冰盖吸收了大气中的大量水汽，并封存起来，整个地球都受到这个大冰盖的影响。约在 12000 年前，这个巨大的冰盖开始融化。在今天的冰岛，人们依然还能看到这个冰盖的遗迹。冰盖融化产生的水量变化，带来了人类有史以来最伟大的变革——在数千公里之外的中东地区，造成了一次巨大的干旱，这场干旱造就了众所周知的“肥沃新月地带”——人类文明的曙光初现。

2. 大河文明的兴起与衰落

人类文明大致经历了三个阶段。第一阶段是原始文明，约在石器时代，人类必须依赖集体的力量才能生存，物质生产活动主要靠采集渔猎，为时上百万年；第二阶段是农业文明，人类学会了利用水灌溉农田而获得食物，利用铁器使人类改变自然的能力产生了质的飞跃，为时约 10000 年；第三阶段是工业文明，从 18 世纪英国工业革命开启了人类现代化生活起，为时已有 300 年。

河流的分布决定了世界文明的版图，河流塑造历史的能力，可以从人类早期文明中得到验证。人类历史最重要的事件大多发生在河流两岸，在河流附近，人们可以找到太多水孕育文明的证据：在尼罗河源头的埃塞俄比亚阿瓦什河，考古学家发现了300多万年前人类祖先最早的遗迹，考古学家还在大山之间的河谷里发现了近万年前人类从狩猎、采集到定居务农的依据。

从狩猎者和捕鱼者变成农耕者，从“穴居野处”的游移不定的生活转为定居生活，由“采食经济”变为“产食经济”，这是人类历史上具有决定意义的变革。

农耕经济的确定，使人类摆脱了单纯依靠大自然赐予的生存状况，可以通过社会经济再生产过程和生物自然再生产过程的结合来获得生活资料，从而奠定了前所未有的、丰富的、可靠的物质基础，得以养育进行直接物质资料生产之外的从事其他社会活动的人，开创了人类历史的新纪元。

农业文明的产生和发展，必须具备一定的自然地理条件，尤其不能缺少水的滋润与哺育。

西方考古学家认为，最早的文明之光出现在底格里斯河和幼发拉底河中下游，这里被称作美索不达米亚平原，古希腊语意为“两河之间的土地”，即今天的伊拉克等地。

幼发拉底河和底格里斯河从阿拉伯半岛和扎格罗斯山脉之间的低谷流过，最终在今天的巴士拉汇合成阿拉伯河，注入波斯湾。两条大河及支流深深地嵌在起伏的大草原中，奔腾的河流沿山麓流动，由于沿途支流流程短、汇水快，河水常暴涨，洪水泛滥，形成了沿岸广阔肥沃的冲积平原，被称作“肥沃的新月地带”，今天这里依然是伊拉克重要的灌溉农业区。

距今约6000年前，这里就有了最早的居民——苏美尔人。早期的苏美尔人在美索不达米亚南部利用底格里斯河、幼发拉底河的河水，开掘沟渠，建成复杂的灌溉网，创造了古老的两河流域文明。两河流域文明由苏美尔文明、阿卡德文明、巴比伦文明和亚述文明四部分组成，其中巴比伦文明以其成就斐然而成为两河流域文明的典范。大约公元前3000年，这里的水利工程技术已经达到了相当精细的程度，所有易于灌溉的土地都已经被耕种了；约公元前2000年汉谟拉比时代，这里已有了完整的灌溉渠系，当时的灌溉面积达260万公顷以上，养育着1500—2000万人口。十多个或更多的城邦星罗棋布地散布在灌溉地区，每个城邦拥有数千或更多的居民，他们在交流中逐渐创造了据今所知的世界上最古老文字——楔形文字。在法国巴黎的罗浮宫里，收藏着世界上迄今为止保存最完整和最早的成文法典——《汉谟拉比法典》。该法典全文共3500行，内容涉及盗窃动产和奴隶，对不动产的占有、继承、转让，涉及经商、借贷、婚姻、家庭等方面，而其中第五十三条法律说：“倘自由民怠于巩固其田之堤堰，并导致堤堰破裂，水淹耕地，则堤堰发生破裂者应被售出，所得之款用于赔偿其所毁损之谷物。”

大约在公元前1894年，古巴比伦王国建立。古巴比伦人在苏美尔人的基础上，创造了更加绚丽的文明。最令人神往的莫过于阿拉伯语称其为“悬挂的天堂”的巴比伦空中花园，考古学家至今都未能找到空中花园的遗迹。据说有25米高的立体结构空中花园，共分7层，每层用石柱支撑，层层都有奇花异草，蝴蝶在上面翩翩起舞，园中有小溪流淌，溪水则源自幼发拉底河河水。最令人称奇的是这里的供水系统，由于巴比伦降雨少，空中花园远离幼发拉底河，因此建有不少输水设备。据文献记载，国王每天派几百个奴隶推动轮轴，将水泵上石槽，由石槽向花园供水。

苏美尔人及其后来者深受自然环境的影响。底格里斯河和幼发拉底河每年河水泛滥的时间和洪水量不可预见。北部地区的大雨加上札格罗斯山脉和托罗斯山脉上的积雪，常引起特大洪水，不仅充满灌溉沟渠，而且毁坏了农田。在苏美尔人的眼里，他们的洪水之神尼诺塔不是一位慈善的神，而是一位恶毒的神。苏美尔人的文学作品中，常可见到这样的词句：

> 猖獗的洪水呀，没人能和它对抗，
> 它使苍天动摇，使大地颤抖。
> 庄稼成熟了，猖獗的洪水来将它淹没……

对每年洪水泛滥的恐惧，加之永远存在的外族入侵的威胁，使苏美尔人深深地感到，自己仿佛正无依无靠地面对着许多无法控制的力量。

约公元前1700年，苏美尔文明走向了灭亡。灭亡的原因是公元前1763年，最后一位苏美尔民族的君主瑞穆辛的首都拉尔萨城被巴比伦军队攻陷，从此以后，苏美尔人便在历史上销声匿迹。而此前的1000年间，埃利都、拉格什、乌鲁克、温马等城市因水权、贸易道路和游牧民族的进贡等事务一直进行着为时不断的互相争战。历史学家认为，苏美尔文明灭亡的根本原因是由于过度灌溉导致土壤盐碱化，为了争夺城市之间地带肥沃土地，发生了战争。但毫无疑问，灌溉曾使苏美尔文明辉煌一时，灌溉又成为苏美尔文明走向灭亡的罪魁祸首。

灌溉也诞生了古埃及文明，非洲尼罗河流域早在公元前4000年就利用尼罗河水位变化的规律发展洪水漫灌。公元前2300年前后在法尤姆盆地建造了美利斯水库，通过优素福水渠引来了尼罗河洪水，经调蓄后用于灌溉，这种灌溉方式持续了数千年。

尼罗河流域的东面是阿拉伯沙漠，西面是利比亚沙漠，南面是努比亚沙漠和飞流直泻的大瀑布，北面濒临地中海。尼罗河从西南向西北横穿埃及全境，尼罗河洪水的泛滥，带来丰富的泥沙和腐殖土，促进了两岸农业的发展，进一步推动了城市的快速发展和商业的流通。古希腊历史学家曾把埃及称为“尼罗河的赠礼”，是尼罗河给古埃及文明带来了繁荣与发展。

与苏美尔人不同，埃及人普遍地持有自信而乐观的世界观。正像底格里斯河和幼发拉底河每年的泛滥不可预知，来势凶猛，从而促成了苏美尔人的不安全感和悲观；尼罗河每年的泛滥可以预知，趋势平缓，从而增添了埃及人的自信和乐观。苏美尔人把他们的洪水之神视作恶神，而埃及人则把他们的洪水之神看作“它的到来会给每个人带来欢乐”的神，每年一度的尼罗河泛滥期是最重大的祭祀时期，往往要进行长达数十天的盛大的祝祭仪式，感谢尼罗河女神赐福埃及。古埃及诗人曾这样描述给万物以生命的大河的慈善：

看，这位伟大的君主，
既不向我们征税，
也不强迫我们服劳役，
有谁能不惊讶？
有谁，
说是忠于他的臣民，
其能做到信守诺言？

瞧，

他信守诺言多么按时，

馈赠礼物又多么大方！

他向每一个人馈赠礼物，

向上埃及，向下埃及，

穷人，富人，

强者，弱者，

不加区别，毫不偏袒。

这些就是他的礼物，

比金银更贵重……

古印度文明比两河流域文明大约晚了1000年。古印度河为沿河两岸带来了便利的灌溉条件，生产的农作物主要有小麦、大麦、豌豆、甜瓜、芝麻和棉花等。古印度河流域最早使用棉花织布，创造了高度的农业文明。此外，古印度文明在文学、哲学、自然科学等方面都对人类社会做出了重大贡献。

印度河文明衰落的起因，普遍认为是由于雅利安人入侵。也有人提出，这一文明也许实际上是被泥浆所淹没的。这种观点认为，地下的火山活动使大量的泥浆、淤泥和沙子涌出地面，堵塞河道，给印度河文明的中心带来了无可挽救的损害。

人类社会文明源起于河流，世界古代文明的发祥地都处在大江大河流域，河流供养生命，使地球充满生机，也推动社会发展。幼发拉底河和底格里斯河流域的两河文明，尼罗河流域的古埃及文明，印度河文明，黄河、长江流域的中华文明，是人类文明的源泉和发祥地，人们把江河孕育的人类古文明称为“大河文明”。

生活在这些大河流域的人类之所以能创造出辉煌的河流文明，原因就在于这里的人类很好地掌握了治水的能力或者说制河权。所谓制河权，也就是指控制河流、治理河流的能力和保护、利用河流的能力。而正是由于对河流的控制力削弱，两河文明、古埃及文明、印度河文明都相继走向衰落。

3. 一脉相传的中华文明

神态娴雅的母亲侧卧黄河岸边，世界一片安详。

她秀发飘拂，神态慈祥，身躯颀长匀称，曲线优美，微微含笑，抬头微曲右臂，仰卧于波涛之上，右侧依偎着一裸身男婴，头微左顾，举首憨笑，显得顽皮可爱。母亲河和她哺育的儿女是如此亲密无间。

位于甘肃省兰州市黄河南岸的“黄河母亲”雕塑，来自黄河底下的花岗岩雕塑基座上刻有水波纹和鱼纹图案，源自甘肃古老彩陶的原始图案。最早开始雕凿它的就是生活在黄河岸边的先民们，绵延不辍的中华文明就从这里发源并生生不息。

1921 年，在黄河岸边一个叫仰韶村的地方，一个母系氏族部落遗址的发现，揭开了中国史前文化研究的崭新一页。这个纵横两千里，绵延数千年的史前文明，被考古学家称为“仰韶文明”。1000 多个类似的遗址证明，在仰韶时期，黄河岸边的先民已经过上了定居生活。

几乎与仰韶文明同时，在长江下游的冲积平原上出现了另一个文明的曙光。1987 年，地处长江下游的河姆渡遗址，出土了大量稻谷，总重量有 150 吨之多。这些已经炭化了的稻谷，与今天的现代人种植的稻谷几乎一模一样。这是一个具有发达稻作农业的文明，被称为“河姆渡文明”。

5000 年前，黄河和长江，两条河流沿岸的先民在中华大地上齐头并进地发展了旱作文化和稻作文化，两种不同的农耕文明，开启并绵延了中华文明。

黄河与长江，都是从中国西部的青海发源，自西向东奔流而入大海。黄河位于长江之北，是中国第二大河。它善淤、善决、善徙，是世界上变化最为复杂的河流。长江是中国第一大河、世界第三大河，仅次于亚马孙河和尼罗河。数千年来，长江流域与黄河流域珠联璧合，成为中华农业文明的摇篮。

中华民族最早记载的文明活动与留下的痕迹全部在黄河流域，在相当长的历史阶段，这一区域处在稳定的先进文化氛围之中。这里有丰富的史前文化，如旧石器时期的“蓝田文化”“河套文化”，新石器时期的“半坡文化”

“仰韶文化”“大汶口文化”“龙山文化”等。

黄河流经的黄土高原有广袤的肥田沃土和纵横交织的河流，易于耕种，这为华夏民族创造出光辉灿烂的农耕文明奠定了得天独厚的物质条件。180万年前，人类就开始在黄河流域繁衍生息。生活在黄河两岸的先民，一方面依赖着大河，享受着她给予人类的各种恩惠，同时也承受着大河暴虐、洪水泛滥的种种苦难。黄河流域因土质结构疏松，易受侵蚀，加上雨量集中，自然植被遭破坏，以致每年夏秋暴雨季节，水土流失严重，各条支流将大量泥沙汇集到黄河，随着水流带到下游。这些泥沙大部分输入大海，小部分沉积于河床，日积月累，使黄河下游河床被抬高，高出地面，成为“悬河”，导致水灾不断。

从夏、商、周至秦、汉、唐，黄河流域都是各代王朝都城所在地，这一区域长期以来是中国古代政治、经济和文化的中心。但也正因为黄河极其特殊的地理位置与中原文明发祥地的身份，及其不屈的姿态，历史赋予了她崇高地位，赋予了她民族象征的特殊意义。

黄河不仅仅是一条大河，黄河、黄土地、黄帝、黄皮肤，这一切黄色表征，把这条流经中华心脏地区的浊流升华为圣河。因此，人们既把黄河比作孕育了中华传统文化的伟大母亲，又将她看作是中华民族多灾多难历史的象征。

而长江流域因土壤黏结，不像黄土那么疏松，因此对农具硬度的要求就高一些。而且，水稻的种植要求也比较高，所以直到秦汉时期，长江流域的农业基本还停留在原始的火耕阶段。后来，随着铁制农具和牛耕的普及，长江流域的土地得以开辟和耕作，而中原地区农耕人口的南迁，又给长江流域带来先进的农耕技术和大量劳动力。这些因素使长江流域迅速演进为农产丰盛的耕作区。

因黄河流域靠近北方游牧区，隋唐以后，这里战乱频繁，屡次造成中原人口南迁，加之垦伐过度、气候干冷等缘故，导致农业自唐以后渐趋衰落。长江流域则后来居上，以巨大的经济潜力成为粮食、衣帛的主要供应区和税赋的主要缴纳区，从而使中国的经济文化重心随之南移。隋唐以后，长江中下游成为长安、洛阳、开封、北京等历朝京师粮食和布帛的重要供应地。

“苏湖熟，天下足”的谣谚就印证了这一事实。

粮食的增长，同时也促进了人口的增长，而人口的增长，也催生了文明的发展。宋代以后，黄河的魅力渐消，特别是随着黄河经济魅力的失去，其文化魅力也随之消退并逐渐向长江流域转移。在很长一段时间里，长江流域都是中国社会生态最集中的地方，宋代以后江南地区商业日益兴隆，苏州、杭州、南京等一批江南名城经济文化空前繁荣。

19 世纪中叶鸦片战争后，英国殖民者逐渐往北走。1843 年，位于中国南北海岸线中端和第一大河长江出海口的上海正式开埠，从此，中外商贸中心从珠江口的广州移向上海。在不长的时间内，上海的租界发展为广州租界的 100 多倍，上海在很短的时间内一跃成为远东第一大都市。这既是中国历史上一段痛苦而灰暗的时期，也说明了长江文明在中国地理位置意义上对中华文明的极端重要性。因此也可以说，长江文明是中华文明的枢纽。

在中国的大河文明中，被看成母亲河的是黄河，而长江是中国经济社会生态最主要的命脉。但与世界其他大河文明不同，中华文明的滋生，并不是依托一个江河，而是拥有黄河、长江、淮河、海河、珠江等众多水域，不同的河流决定了不同的文明模式，并主宰着不同模式文明的命运，也正是由多条河流文明的相互交融，中华文明才成为世界上唯一没有衰微的文明。

从步入文明的门槛之日起，中国先后经历了夏朝、商朝、西周、春秋、战国、秦朝、西汉、东汉、三国、西晋、东晋十六国、南北朝、隋朝、唐朝、五代、宋辽夏金、元朝、明朝和清朝等历史时期。历代统治者，以其各自的政绩在历史舞台上演出了内容不同的剧目，但无论是辉煌与挫折、统一与分裂、前行与倒退、战争与和平，中华文明如黄河、长江般波澜壮阔，历经险阻，依旧不屈。其中在夏、商、西周和春秋时代，中国经历了奴隶社会发展的全部过程。从战国开始，封建社会孕育形成，秦朝则建立了中国历史上第一个中央集权的大一统封建帝国。此后，东西两汉王朝是封建社会迅速成长的阶段，唐宋时期经历了封建社会最辉煌的时代，至明清两代，封建社会盛极而衰，并步入多灾多难的近代社会，而新中国的成立又使中华民族步入伟大的民族复兴之路。

为了驾驭江河，过上稳定的农耕安居生活，传说自尧舜时代开始，我们的祖先便开展了大规模的艰苦卓绝的治水平土活动，“筚路蓝缕，以启山林”。经过累世不屈不挠的奋斗，终于为文明的发展开辟了道路。

在漫长的历史进程中，中华民族以不屈不挠的顽强意志、勇于探索的精神和卓越的聪明才智，谱写了波澜壮阔的历史画卷，创造了同期世界历史上极其灿烂的物质文明与精神文明。英国著名学者李约瑟在他的多卷本巨著《中国科学技术史》中写道：“中国古代的发明和发现远远超过了同时代的欧洲。”

在半坡遗址中出土的6000年前的陶器上的刻画符号，是最早的文字，而3000年前的周代甲骨文，在指甲大小的甲片上竟刻了二三十个字，反映了我们祖先对文字的使用和掌握的熟练程度。丝绸是中国最为驰名世界的产品，在7000年前的河姆渡人的艺术中已有蚕的形象，生活在四五千年前的良渚人已经会缫丝织布，汉墓中出土的2000多年前的丝织品薄如蝉翼，其精美程度令人叹为观止。繁荣的丝绸之路沿着河西走廊将丝绸带到西方，当凯撒大帝穿着光彩照人的中国丝袍出现在剧院，曾引起全场的惊羡哗然，称为“绝代的奢华”。著名地理博物学家普林尼曾说：“罗马每年至少有一亿罗马金币在与中国、印度和阿拉伯半岛的丝绸与珠宝生意中丧失。”

从马王堆汉墓出土的古地图，是世界上现存最早、具有相当科学水平的实用彩色地图，这些绘制在绢上的地图，已经使用了统一的图例，居民地、道路、河流、山脉都绘制得非常准确，在世界地图学史上都占有重要地位。

建于隋大业年间的赵州桥，桥长50.82米，跨径37.02米，是当今世界上跨径最大、建造最早的单孔敞肩型石拱桥，建成已距今1400年，被誉为“华北四宝之一”。其结构雄伟壮丽、奇巧多姿、布局合理，多为后人所效仿。唐代文人赞美桥如“初月出云，长虹饮涧”。

陶瓷是古代中国驰名于世的产品之一，“China”一词也随着中国瓷器在英国及欧洲大陆的广泛传播，转而成为瓷器的代名词，使得“中国”与“瓷器”成为密不可分的双关语。3000多年前的商代已经有了青瓷，而唐代以黄、白、绿为基本釉色的“唐三彩”以造型生动逼真、色泽艳丽和富有生活气息而著名。宋代瓷业大盛，在海外贸易中，已成为风靡世界的名牌商品。

而指南针、造纸术、火药和印刷术这“四大发明”对世界历史的发展产生了极其深刻的影响。法国著名社会学家弗朗索瓦·巴孔在17世纪初叶所著的《新机械学》中曾强调了这四大发明的重要意义，指出："它们改变了世界的面貌。造纸术和印刷术表现在文化中，火药表现在战争中，指南针则表现在航海事业中。任何帝国任何教派都不能自吹对人类事务施加了像这些发明那样大的影响。"

此外，中国古代还有许多创造发明让世界瞩目。凝聚中华民族勤劳与智慧结晶的万里长城，是古代世界最伟大的建筑工程之一；被世人誉为"伟大的古迹"和"世界八大奇观"的秦始皇兵马俑坑中的铜制车、马、人是迄今发现的时代最早、体型最大、保存最完整的遗物；绵延4000多里的京杭大运河是世界上最长的人工运河；等等。

这些人类遗产无不反映出中华文明的巨大魅力和辉煌成就。

第一章
经略江河，善治国者必先治水

1. 治水改变世界

人类的历史，就是人类与自然灾害艰苦卓绝斗争的历程。

“今天上午，我来了，我看到了，我被征服了！相信每个见证这一人类伟大奇迹的人也都会被征服！”1935年9月30日，美国第32任总统罗斯福站在220多米高的胡佛大坝前，亲自主持了胡佛大坝的竣工典礼。那天，他站在讲台上激越地演讲，同样征服了讲台下的数千名听众，他们无不为这座令人难以置信的水坝欢呼雀跃。

科罗拉多河穿越美国西南部，千百年来，河流两岸地区受尽了这条充满野性的大河的折磨。每年春季及夏初，大量融雪径流汇入，经常导致河流两岸低洼地区泛滥成灾；然而到了夏末秋初，河流水量骤减，中下游干渴的大地得不到它半点惠泽。20世纪初的一场大洪水，把加利福尼亚南部变成了一片汪洋，造成了巨大的生命财产损失。

从1931年1月开始，一无所有的莫哈维沙漠上聚集了数万名劳工，开始修建胡佛大坝这座“继巴拿马运河完成后，西半球最大的建筑工程”。1935年，一座横跨在黑峡谷谷壁之间的拱形混凝土大坝，毅然截断了汹涌的科罗拉多河。这座坝高221.3米，坝基厚达200米，浇筑333万立方米混凝土的巨型水坝，是当时世界上最高的拱形坝。

胡佛大坝的建成，极大地振奋了美国人的民族自信心。美国开始走出20

世纪二三十年代经济危机的阴影，进入经济起飞阶段。科罗拉多河再也没有出现过因洪水泛滥造成的灾难，而水电站发出的巨大电流，更是产生了强大的经济推动力，所增加的大量电力让美国西南部迅速发展，强大的电流输往洛杉矶和南加州，使拉斯维加斯、凤凰城等成为美国发展最快的城市。

胡佛大坝不仅改变了美国西部，而且还改变了美国。而在地球的各个角落，人类利用水资源，开发水利的伟大实践早已开始。

两河流域的美索不达米亚平原在约公元前2000年已有了完整的灌溉渠系。至20世纪中叶，两河流域灌溉面积达400万公顷。两河流域上游的叙利亚、土耳其等国境内都有许多古灌区，有些至今仍在使用。亚美尼亚、伊朗等地则从公元前8世纪就以引用地下水发展灌溉的坎儿井众多而闻名。

公元前3世纪左右，印度河流域凭借灌溉已做到一年两熟。当时北方建有亚穆纳水渠，南方则有高韦里河三角洲灌区。在中世纪的1000多年中，南亚次大陆建造了数万座水坝用于灌溉。1932年完成的苏库尔闸引水工程，是当时世界上最大的控制性引水灌溉渠系，灌溉田地达300多万公顷。

在亚洲其他地区，早在公元前1050年柬埔寨就在吴哥窟附近修建了暹粒河灌区，并且一直使用到现在。日本在公元前6世纪已有水利记载，以后大量修建山塘、水库，20世纪开始修建大型灌区，至上世纪中叶全国水浇地已占耕地面积一半以上。

美洲灌溉可追溯到古老的玛雅文明和印加文明。秘鲁的灌溉历史至少在公元前1000年就已开始。中美洲、墨西哥等地到1946年灌溉面积达123万公顷，此后20年中修建了数百座水库和近千处引水坝。美国西部素有干旱“荒漠”之称，由于修建了中央河谷、加州调水、科罗拉多水道和洛杉矶水道等长距离调水工程，在加州干旱河谷地区发展灌溉面积2000多万亩，使加州发展成为美国人口最多、灌溉面积最大、粮食产量最高的一个州，洛杉矶市也跃升为美国第三大城市。

第二次世界大战后，澳大利亚为解决内陆的干旱缺水问题，在1949—1975年期间修建了大型调水工程——雪山工程。该工程位于澳大利亚东南部，从雪山山脉的东坡建库蓄水，将东坡斯诺伊河的一部分多余水量引向西坡的需水地区，通过大坝水库和山涧隧道网，每年提供工农业用水23.6亿立方米，灌溉总面积26万公顷，并为南澳首府阿德莱德100多万人口的城市用水及重要工业区提供水源保证。

埃及国土面积中96%是沙漠，尼罗河无疑是它的“生命线”。1970年，历时10年建成的世界七大水坝之一的尼罗河阿斯旺水坝，坝高111米，是一项集防洪、灌溉、航运、发电等于一体的综合利用工程，它的建成实现了尼罗河水的合理利用，在几乎全非洲都在闹饥荒的时候，埃及的粮食基本自给自足。阿斯旺水坝建成后，埃及又建造了和平渠与谢赫·扎那德水渠，分别将河水引向西奈半岛和埃及西部沙漠，使埃及可耕地面积增加25%。

俄罗斯水资源极为丰富，但分布不平衡。为了解决水资源分布不均的问题，苏联时代共建设了15项调水工程，年调水量达480多亿立方米。其中最长的大土库曼运河长1100公里，曾经被称为世界“运河之王”。

水直接影响人类的生存和社会的发展。在发展水利的同时，人类必须与水害做斗争，最普遍的防洪措施就是沿河流两岸修建堤防。从公元前3400年左右埃及人修建的尼罗河左岸大堤，到密西西比河下游堤防、莱茵河下游防洪堤，人类修建防洪工程的脚步一直没有停歇。

1917年，美国国会通过了第一个防洪法案，授权陆军工程兵团在密西西比河和萨克拉门托河上修建防洪工程，并研究其他河流的防洪问题。1936年的美国防洪法案则进一步制定了防洪工程措施，规定联邦政府与州政府要在防洪工程中合作，委托农业土地部制定防洪计划，委托陆军工程兵团制定工程计划。1968年的国家洪水保险法案特别强调对洪泛区的土地利用加强管理，以减少洪灾损失。

从胡佛大坝开始，人类利用水能发电的脚步开始阔步前行，1942年美国在哥伦比亚河上建成大古力水电站，现有装机容量为648万千瓦。20世纪80年代，巴西政府决定同巴拉圭政府联合建造的伊泰普水电站，总蓄水量290亿立方米，总装机容量高达1400万千瓦。伊泰普水电站生产的电能由巴西与巴拉圭两国分享，它不仅能满足巴拉圭全部用电需求，而且能供应巴西全国30%以上的用电量。

2009年建成的中国长江三峡水利枢纽工程，是一座集防洪、发电和航运等十多种功能于一体的巨大枢纽，是世界上最大的水利枢纽工程，也是世界上规模最大的水电站，大坝高程 185 米，蓄水高程 175 米，水库坝长 2335 米，安装 32 台单机容量为 70 万千瓦的水电机组，装机总容量达到 2250 万千瓦，多年平均发电量 882 亿度。

现代人类对水资源的利用规模空前，截至 2014 年，全球水电装机容量约 10 亿千瓦。而中国水电装机容量突破 3 亿千瓦，总装机容量已居世界第一。作为利用效率高、开发经济、调度灵活的新能源，水电开发已经成为世界各国能源发展的优先选择。

同样，现代人类对水资源控制的规模前所未有，全世界现在水库的蓄水量高达 1 万立方公里，是全球河流水量的 5 倍。科学研究发现，由于大多数水库都位于人口密集的北半球，额外的重量已经改变了地球的自转速率，从而导致了地球自转转速加快，在过去的 40 年里，地球自转时间每天都会缩短八百万分之一秒。

如今，我们认为对水资源的控制理所当然，现代文明的发展离不开水，但水资源十分有限，在世界上许多地方，水危机正在成为一个影响生存与发展的重要因素。

2. 5000 年文明古国的治水之路

“善为国者，必先除其五害。”“五害之属，水最为大。五害已除，人乃可治。”2600 多年前，我国古代重要的政治家、军事家、思想家管仲（约公元前 725—公元前 645 年）第一次提出了治水是治国安邦头等大事的思想。

“自古致治以养民为本，而养民之道，必使兴利防患，水旱无虞，方能使盖藏充裕，缓急可资。”300 年前，乾隆做出如此论述。

中国是一个水利大国，也是一个水利古国。中国农业问世以来，就与治水紧密联系在一起。纵观我国历史，历代善治国者均以治水为重，善为国者必先除水旱之害。从大禹治水到秦皇汉武，从唐宗宋祖到康熙乾隆，每一个有作为的统治者都把水利作为施政的重点，从《山海经》传说、西门豹治水、李冰治水，到《水经注》的具体方案实施，中国最早的水利专著《史记·河渠书》，皆打上水利治国的烙印。我国历史上出现的一些“盛世”局面，无不得力于治国者对水利的重视，得力于水利建设及其成效。

对于古老的农耕文明来说，水利关系着一个国家的贫弱与富强，影响着一个时代的兴盛与衰落。

凿山治水开道，勘定九州山河。中国历史上第一个国家夏朝就是在和黄河大洪水抗争中诞生的。约4000年前，我国大地到处都是滔滔洪水，古代先民陷入了空前的洪荒灾难之中。尧作为四大部落首领召集部落联盟会议，专门研究治理水患问题。大家一致推荐夏族首领鲧主持治水。鲧采用“堙障”(即堵) 的办法，修筑堤坝围堵洪水。但“九年而水不息，功用不成”，经常是前筑后冲，没有制住洪水。尧的助手舜认为鲧治水无方，把他流放到羽山，后又将鲧处死。尧死后，舜即位为部落联盟首领，派鲧的儿子禹主持治水。禹汲取父亲治水失败的教训，改变单纯筑堤堵水的办法，“疏川导滞”，因势利导，疏通河道，终于制服了洪水。从此以后，“水由地中行，然后人得平土而居之”。

治水，使大禹拥有了至高无上的权力和威望，从而奠定了大禹对部落联盟绝对权威的领导。他“铸九鼎”“定九州”，按照地域区划加强对氏族部落的管理，并且使“人物高下各得其所”，划分出了统治阶级和被统治阶级，从而打破了原始的民主部落制度。大禹死后传位给他的儿子启，启建立了我国第一个奴隶制国家——夏朝。

大禹治水成就了中国古代国家历史的开端，成为中华民族文明史上一个重要的里程碑，标志着延续数万年之久的原始社会的基本告终，开启了以后持续几千年的阶级社会。

战国时期齐国国相管仲，首次提出了治水是治国安邦头等大事的论点，并将其应用于实践。通过兴修水利促进生产，最终实现了他梦想的“仓廪实则知礼仪，衣食足则知荣辱”的理想，使齐国国富兵强，成为战国初期最强大的国家。

秦国成为战国七雄之首后，欲扫灭六国，韩国首当其冲。韩桓惠王为阻止秦国攻打韩国，派水利专家郑国作为间谍入秦，游说秦王兴修水利，使其没有精力东伐，史称“疲秦”之计。秦王听了郑国的建议，命郑国主持修建引泾工程。后来秦王识破了韩国之计，要杀郑国，并下了“非秦者去，为客者逐”的逐客令。寄居在秦国吕不韦门下的楚国人李斯向秦始皇呈上了著名的《谏逐客疏》，据理力争，终于使秦始皇接受了自己的建议，取消逐客令，让郑国继续主持引泾灌溉工程。工程自秦始皇元年（公元前 246 年）开工，历经十年完工，“自仲山（今泾阳县张家山）西邸瓠口为渠，并北山，东注洛河三百余里”。秦始皇把这项伟大的水利工程用间谍的名字命名为“郑国渠”。日益富强起来的秦国，首先消灭了韩国，并逐个翦灭了其他诸侯，统一了中国，建立了我国历史上第一个大一统的封建中央集权国家。司马迁在《史记·河渠书》中对郑国渠的作用如此记载：“于是关中为沃野，无凶年，秦以富强，卒并诸侯。”

汉武帝刘彻是对治水安邦思想认识最深刻的封建帝王之一。西汉元鼎六年（公元前 111 年），左内史倪宽上奏请求开凿六辅渠，汉武帝欣然准奏，并在奏章批阅中阐明了他对兴修水利的思想：“农，天下之本也，泉流灌浸，所以育五谷也。左、右内史地，名山川原甚众，细民未知其利，故为通沟渎，蓄陂泽，所以备旱也。今内史稻田租挚重，不与郡同，其议减。令吏民勉农，尽地利。平繇行水，勿使失时。”

由于汉武帝重视水利，把兴修水利作为治国安邦之策，西汉的水利建设空前繁荣。公元前 132 年，黄河瓠子决口南侵，“东注巨野，通于淮泗”，洪水淹及 16 郡，泛滥 23 年。公元前 109 年，汉武帝亲临决口祭祀，督令沉白马玉璧，随从官员自将军以下都要背柴参加决口堵复。堵复后，汉武帝在决口处筑宣房宫，作颂歌，以示纪念。这种由政府组织、皇帝亲临工地直接指挥的治理黄河工程，是中国历史上的第一次。

司马迁亲历瓠子参加堵口战役，他悲《瓠子》（汉武帝所作《瓠子歌》两首，记述了这次堵口的经过）而作《河渠书》，言：“自是之后，用事者争言水利。朔方、西河、河西、酒泉皆引河及川谷以溉田；而关中辅渠、灵轵引堵水；汝南、九江引淮；东海引钜定；泰山下引汶水：皆穿渠为溉田，各万余顷。佗小渠披山通道者，不可胜言。”

唐太宗李世民以水的哲理举一反三，治国安邦，开创了贞观之治。即位之初，黄河流域水旱连发，百姓流离失所，社会动荡，他汲取隋灭亡的教训，设义仓，免徭役，修水利，扶农桑，实行改革，复苏经济，终于形成了吏治清明、国强民殷的“贞观之治”。虽然唐太宗在位 23 年，兴修的水利工程不是很多，但他把治水与德政联系起来，他对侍臣说：“古人云‘君犹器也，人犹水也，方圆在于器，不在于水’。故尧、舜天下以仁，而人从之；桀、纣率天下以暴，而人从之。下之所行，皆从上之所好。”从哲学上升华，形成了他“水所以载舟，亦所以覆舟，民犹水也，君犹舟也”治国安邦的政治思想。

“兴水利，而后有农功；有农功，而后裕国。”这是清朝康熙时著名大臣慕天颜说的一句极有见地的话，深刻阐明了治水、农业生产与国家经济进而与国家政治稳定的关系。以开创“康乾盛世”而著名的康熙皇帝更是把治水推到了极致。清入关后，百业待举，康熙皇帝却说：“朕听政以来，三藩及河务、漕运为三大事，夙夜廑念，曾书而悬之宫中柱上。”“三藩”是一个政治问题，另外两件大事都与水利有关。所谓“河务”，指的就是黄河防洪问题；所谓“漕运”，即通过运河进行南粮北调问题。康熙皇帝把河务、漕运与平叛三藩并列，作为施政的头等大事，足以证明其重视水利的程度，以及治水在当时国家政治生活中所处的地位。乾隆皇帝也十分重视治河工程和水利事业的发展，认为水利“关系国计民生，最为紧要”。他也曾多次巡察，指导治河，先后任命鄂而泰、孙嘉淦、方观承等主持治理，采取了修筑堤埝、修建水坝、疏浚河道等措施，提高了河道防洪能力，确保了黄河两岸百姓生活的安宁。

正是由于历朝历代重视水利，或兴水利，或治水害，或通漕运，或以治水之道治理国家，把治水看作重要的治国方略，中华文明才得以不断繁衍传承。而治水也给后世留下了宝贵的物质财富。

中国两千多年的封建社会，如果说以农立国是基本国策，水利就是农业发展的根本保障。历朝历代都非常重视大江大河为主体的水源以及星罗棋布的水利设施完善，这些对农业灌溉起到决定性的作用。从这种意义上讲，中国几千年的治水历程，本质就是把握粮食。

春秋时期，楚国令尹孙叔敖于楚庄王十七年（公元前 597 年）主持修建了中国最早的蓄水灌溉工程——芍陂（安丰塘），工程在安丰城（今安徽省寿县境内）附近，使安丰一带粮食产量大增，并很快成为楚国的经济要地。

战国时期，魏国邺令西门豹开引漳十二渠，使漳河两岸成膏腴，“则亩收一钟”（一钟为十小石，约亩产千斤，是当时一般田地产量的三倍多）。

距今2200多年前，李冰在成都平原的岷江上主持兴建了举世闻名的都江堰灌溉工程。在当时没有任何高科技手段的情况下，李冰对岷水东流的地形和水情做了实地勘察，绘制出水系图谱。在当时尚未发明火药的情况下，以火烧岩石，使其爆裂，凿穿玉垒山引水，时至今日仍被奉为水利工程的标杆。后人为其总结出“深淘滩，低作堰”的“治水三字经”和“逢正抽心，遇弯截角”的“八字真言”，使岷江内江外江三七或四六分水，两千多年来保证成都平原沃野千里、水旱从人。这是全世界迄今为止年代最久、唯一留存、以无坝引水为特征的宏大水利工程，体现了古老中华民族的伟大智慧，至今还在为无数民众输送汩汩清流，灌溉着成都平原的1000多万亩良田，使曾经旱涝无常的四川平原成了天府之国，有力地促进了农业生产的发展。

西汉建都长安，为了保证首都的粮食供应，优先发展了关中农田灌溉事业，汉武帝元鼎六年（公元前111年），武帝命左内史倪宽主持修建六辅渠，以灌溉郑国渠所不及的高仰之田，先后又开凿了漕渠、河东渠、龙首渠、白渠、灵轵渠、成国渠等。水利建设使关中迅速发展为当时全国著名的基本经济区。当时关中“于天下三分之一，而人众不过什三，然量其富，什居其六”，这对巩固汉王朝的统治起到了重要作用。

唐代没有特别重大的水利工程，但中小型的工程面广量大，有二三百处之多。20世纪70年代初，在洛阳发掘出了隋唐二代的著名府仓——含嘉仓，共有大大小小的窖库数百个，每个窖库都可以藏粮数十万斤，全仓的藏粮之巨也就可想而知了，而当时这样的国家巨型粮仓还有多处，再加上地方政府的粮仓，可知天下的藏粮确实够富足的了。兴修水利，粮食丰收，国库充盈，保障了唐朝中央王朝贞观盛世的物质基础，使唐帝国成为当时世界最强大的国家，开启了一个万国朝觐，令世界为之尊崇和胆寒的大唐帝国。

中华民族的治水活动，除了防洪与灌溉之外，开凿人工运河以沟通封建王朝或诸侯割据势力的都城或据点与各地特别是经济发达地区的联系，也一直是国家或地区政权致力的要务。宋代以前，封建王朝的都城大多坐落于北方。这就使得发展与维护沟通南北经济中心与政治中心的运输体系成为历史的必然。而在陆上交通不发达的古代，水运的兴衰成为社会政治稳定、国家兴衰的重要因素，解决运输的最佳途径则是开凿大运河，通过漕运保障都城的经济供给。

历史上有明确文字记载最早开通的人工运河是位于江淮间的邗沟。它是春秋后期吴王夫差为了北上争霸，以运送粮食、军队为主要目的而开凿的。战国时期鸿沟的开凿，沟通了淮河和黄河。此后，秦代开挖了灵渠，沟通了长江水系和珠江水系。汉代，汉武帝为了使黄河下游地区的谷物贡赋顺利运至京都长安，开凿了一条连接长安与黄河的300余里人工运道——漕渠，这条人工运河一直延续使用到唐代，成为京师长安给养运输的生命线。东汉迁都洛阳，光武帝修建了沟通洛水与黄河的阳渠，从而实现了洛阳与中原之间的水运交通。东汉末年，曹操向北用兵，开凿了平虏渠、泉州渠、新河等一系列运河，沟通了黄河、海河、滦河流域。

隋朝统一全国后，倾全国之力，大力开凿运河，并最终开成了由永济渠、通济渠、邗沟和江南运河组成的南北大运河，这条大运河将原先东西横流的海河、黄河、淮河、长江、钱塘江五大水系一线贯通联系在一个水运网中。这条全长近3000里的大运河，是世界上最长的运河，也是世界水利史上的一大奇迹，与万里长城一样，都是人类文明史上的壮举，使中华民族从隋代至今的1000余年间坐享其利。

唐代诗人白居易在他的长诗《隋堤柳》中感叹："二百年来汴河路，沙草和烟朝复暮。后王何以鉴前王，请看隋堤亡国树。"另一位诗人兼政治家皮日休则说，运河"在隋之民不胜其害也，在唐之民不胜其利也"。隋朝的功业为唐朝及其之后的封建王朝成为当时世界最富庶最强大的帝国奠定了基础。

隋朝灭亡之后，南北大运河成为唐宋以及五代各王朝都城，如长安、洛阳、开封（汴梁）的生命线。"唐都长安，而关中号称沃野，然其土地狭，所出不足以给京师，备水旱，故常转东南之粟。"（《新唐书》）唐末至五代十国时期，战乱不已，民不聊生，河政荒废，以致黄河泛滥，运河淤塞，使关中、河洛地区丧失了控扼天下的地位。北宋将京师东移至开封，主要原因是开封靠近运河干道，都城附近的汴河、惠民河、广济渠和金水河等，组成了四通八达的水运网。“汴河横亘中国，首承大河（黄河），漕引江湖，利尽南海，半天下之财赋，并山泽之百货，悉由此路而进。”（《宋史·河渠志》）元代定都北京后，朝廷在南北大运河的基础上花大力气开凿了京杭大运河，从而使北方政治中心与南方经济中心连接起来。依赖大运河源源不断地将江南等地的钱粮物资运到京师，才使元明清各代的政治中心——北京得以巩固和发展。

城市是人类文明的地标，城市的兴起是人类文明进步的里程碑。城市人口密集，财富集中，文化发达，又大多是一个国家或地区的政治中心。除了军事重镇以外，中国古代城镇几乎都是临河（湖）靠海而建。其主要原因就是为了给城市取用水、排水提供便利条件以及为城市交通提供水运之便。

中国古代城市水利建设的重点是都城。作为国家或地区的心脏部位，都城的繁荣和稳定关系整个王朝的兴衰成败。春秋战国时期各诸侯国的都城，都有独特的水利条件和相应的水利工程。如郑韩故城（遗址在今河南郑州）、燕下都（遗址在今河北易县）等地，考古发现了水井和地下水管道。齐都临淄，临淄河而建，开凿淄济运河与济水沟通，再由济水与黄河相通，形成了畅通的水运交通网。西汉作为统一的大帝国，其都城长安的城市水利有了很大发展，形成了一个以昆明池为中心的庞大供水体系和以漕渠为中心的城市内外水运体系。战国时魏都城邺（今河北临漳），建引漳十二渠，引漳河水满足了城市供水、航运、灌溉和改善环境等多方面的需要。隋唐和北宋时期，伴随着统一帝国的繁荣强大，出现了长安、洛阳和开封等规模宏大的城市，城市水利也随之兴旺发达。这些城市都利用都城附近的水资源条件，建设了系统庞大的防洪排涝、取水供水、航运以及城市水环境体系，极大地促进了城市的繁荣和发展。元、明、清三代定都北京（元称大都），北京成为三代城市水利建设的集大成者，经过精心营建，形成了以通惠河为通航干道，以汇集西山诸泉水为水源的昆明湖为中心的城市河湖水利体系，对北京的发展起到了重要作用。

水利，作为治国理政的一项重要公共事务，没有统一的领导很难完成。马克思在探讨东方社会独特的发展道路时指出：“在东方，由于文明程度太低，幅员太大，不能产生自愿的联合，所以迫切需要中央集权的政府来干预，因此亚洲的一切政府都有不能不执行的一种公共职能，即举办公共工程的职能。”意思是东方国家由于自己的特有国情，就需要由中央政府来干预用水的公共工程，就需要集中国家的资源和使用政府的权威来进行，不然就难以完成。

中国夏商周时期，邦国林立，部落众多，每遇大的水旱灾害，主要靠中央政府的权威和强有力的组织来解决防洪、抗旱中的问题以及由此引发的水事矛盾。东周以后，王权衰落，各诸侯国之间各自为政，为了本国的利益，往往以邻为壑——发生旱灾时，各国之间争水、争河道，控制水源，造成了许多“东周欲为稻，西周不下水”（《战国策·东周策》）的水事矛盾，发生洪涝灾害时，便设法将水排往他国。为了协调各诸侯国的利益关系，作为当时中原霸主的齐桓公于公元前656年在召陵主持诸侯会盟，协商解决军事和水事纠纷，其中“毋曲防”（意思是不准曲为堤防，壅滞河水危害他国）是召陵盟约的重要内容。不久，齐桓公又在葵丘会盟，进一步提出了“无障谷”“毋壅泉”等条文。齐桓公召集诸侯会盟以解决彼此间水事矛盾的事例说明，为了生存与发展，需要对水进行综合治理，以打破区域间用水或排水以邻为壑、妨碍或破坏对方生产生活的行为，而要做到这一点，必须建立一个统一的社会有机体——具有高度权威性的政府统管治水，才能形成“四海之内若一家”的统一治水局面。

治水事业的发达和政权统一与专制制度的强化，这两种表面看来完全不相关的历史现象，实际上存在着非常密切的内在联系。美国历史学家魏特夫在《东方专制主义》一书中认为，东方社会是治水社会，一切围绕着治水进行。东方文明是治水的产物。他还第一次提出了“水利文明”的概念，指出“凡是依靠政府管理的大规模水利设施——无论是生产性的（为了灌溉），还是保护性的（为了防洪）——而推行其农业制度的文明时期，即是水利文明”。魏特夫还进一步阐述说，水利文明从物质角度讲，是社会财富的大规模凝聚，大规模的治水活动是人力与自然力的大较量。因此，一定历史时期治水活动的规模，也是当时社会物质财富力量的象征。

纵观中华文明的发展历史，千百年来，中华民族在治水过程中不仅创造了伟大的物质文明，也创造了伟大的精神文明。

自从人类开始定居生活起，合理开发利用水资源问题便不以人的意志为转移地出现在人类的生产生活活动中，水管理制度就成为不可或缺的重要组成部分。象形字“刑”字，出现在我国奴隶社会，取意是在奴隶社会中，人们凿井提取地下水以供生产生活之用，但部落间经常为了争夺水井发生矛盾，为解决争端，奴隶主们便达成协议，各派一名奴隶守在井边监管水井，以便各方公正公平地使用水井，这就是“刑”字的由来，也是原始法律的始端。秦《田律》中有很多关于农田水利的条款，如“春二月，毋敢伐山林及壅堤水”“十月，为桥，修堤防，利津溢”等。汉时，汉武帝在元鼎六年（公元前111年）开凿六辅渠后，“定水令，以广溉田”。《水令》由当时负责开凿六辅渠的左内史倪宽所定，是农田灌溉方面的水利法规。唐代在总结我国历代水利管理经验的基础上，制定了我国历史上第一部比较完善的水利法典——《水部式》，内容包括农田水利管理，水碾水硙的设置及其用水量的规定，航运船闸、桥梁的维修管理，渔业管理以及城市水道管理等。宋朝的《农田水利约束》是古代中国第一部比较完整的农田水利法，为王安石变法的主要内容之一。金代颁行的《河防令》，是我国历史上第一部较为详备的防洪法规。明代《水规》，对严格用水做出规定。明清时期，在《明会典》《大清律》中都有涉及水利的条款。

与水利管理制度相配套的是中国古代水利职官制度。几千年来，管理水利的政府机构、官职设置、权力授予、决策程序和运作机制等，相沿承袭，深深地渗透到国家机构之中。《尚书·尧典》载“禹作司空”“平水土”。“司空”一职，被认为是“水利设专司之始”。西周时，中央政府“三有司”之一的“司工”，即“司空”，是负责“修堤梁、通沟浍，行水潦，安水臧，以时决塞”（《荀子·王制》）的水利行政长官。东汉时将司空与司徒、司马并称为“三公”，是类似宰相的最高行政长官，负责水土工程建设。隋代以后，中央政府设吏、户、礼、兵、刑、工六部，其中工部主管包括水利建设在内的工程行政。历代还设“将作监”或“都水监”来管理水利事宜，与工部并行。明清废都水监，水利建设管理职能划归流域机构或各省，水利行政则由工部继续掌管。工部之下设水部，主管官员为水部郎中。中央派往黄河、运河负责河工和漕运的官员成为独立的水务管理系统。清代的河道总督为负责黄河、运河和海河水系有关事务的水利行政长官，农田水利在中央由水部或都水监管理，地方各级行政区一般都设有专职或兼职的农田水利官员。

中华民族累世不屈的治水斗争，也为后代留下了宝贵的治水思想。西汉著名的治河专家贾让提出的“治河三策”和明代河道总理潘季驯提出的治河方略，都体现出高超的哲学思想。贾让提出治理黄河的基本思想是不与水争地，即立国居民，疆理土地，必须“遗川泽之分，度水势所不及”。他认为，治理黄河的上策是开辟滞洪区，实行宽堤距，充分考虑河床容蓄洪水能力，而不能侵占河床、乱围乱垦，阻碍行洪，与水争地。中策是开辟分洪河道下入漳河，并开渠建闸，以便引黄河水作灌溉之用。至于下策则是加固堤防，维持河道现状，但是堤防难免岁修岁坏，结果往往会劳民伤财。贾让的治河理念充分体现了人与自然（洪水）和谐共处和按自然规律办事的哲学思想。

潘季驯在长期治理黄河的实践中，总结出了“筑堤束水，以水攻沙”的治黄方略，强调综合治理，全面规划，治水与治沙相结合，并提出了解决黄河泥沙问题的三条措施——束水攻沙、蓄清刷黄、淤滩固堤。潘季驯的治河理论，体现了系统性、整体性和辩证法的哲学观念，不仅改变了明代以前在治黄思想中占主导地位的“分流”方略，更改变了历来治黄实践中只重治水、不重治沙的片面倾向，对明代以后的治河产生了重大的影响。

治水为中华民族的生存与发展提供了极为重要的安全保障和物质保障，也对中国政治体制产生了极为深远的影响。治水作为强国富民的重要途径，对经济社会的发展具有直接的重要作用，作为中华民族与自然抗争而创造文明的重要生产实践活动，治水文明本身也是中华文明的重要组成部分。

治水文明承载中华5000年历史，在它形成发展的曲折而漫长的过程中，从未中断、转移或湮没。虽然历经坎坷，备尝艰辛，却始终以昂首挺立姿态，矗立东方，历经险阻，依旧不屈。治水文明凝聚高超智慧的精神财富，绵延不断地传承给一代又一代炎黄子孙，从而造就了中华民族及其创造的文明的延续和拓展。

3. 当代中国的水利战略地位

在我国的文献记载中，最早将水与利联合起来成为水利一词的是《吕氏春秋》，其“掘地财，取水利”意指捕鱼之利。第一次明确记载具有专业性质“水利”的是司马迁的《史记·河渠书》，记述了从大禹治水到汉武帝黄河瓠子堵口这一历史时期内一系列治河防洪、开渠通航和引水灌溉的史实之后，感叹道：“甚哉水之为利害也”，并指出“自是之后，用事者争言水利”。赋予了水利防洪、灌溉、航运等除害兴利的含义。此后，水利一词用了两千多年。

现代社会由于科学技术不断进步，水利的内涵也不断丰富，包括防洪、排水、灌溉、水力、水道、给水、水土保持、水资源保护等新内容。

水利被定义为：人类社会为了生存和发展的需要，采取各种措施，对自然界的水和水域进行控制和调配，以防治水旱灾害，开发利用和保护水资源。

新中国历届领导集体都十分重视水利建设。新中国成立伊始，深谙治水兴邦、兴水安邦的重大意义的新中国领导人就把水利建设列在恢复和发展国民经济的首位。毛泽东以雄伟的气魄提出了一个又一个治理、开发、保护江河的战略目标，开启了新中国波澜壮阔的治水新篇章。

早在1927年3月，毛泽东在考察湖南农民运动时，就把修塘筑坝列为农民运动14件大事之一。1934年1月，他在江西瑞金召开的第二次全国工农代表大会上做了《我国的经济政策》的报告，提出“水利是农业的命脉”的论断，深刻阐明了水利在农业生产中的重要地位。1942年底，他在边区高干会议上做报告时，提出把“兴修有效水利”列在提高农业技术首位。1945年4月，他在《论联合政府》中指出：“解放区民主政府领导全体人民，有组织地克服了和正在克服各种困难，灭蝗、治水、救灾的伟大群众运动，收到了史无前例的效果，使抗日战争能够长期地坚持下去。”1948年新中国成立前夕，他多次指示：全党要“兴修水利，务使增产成为可能”，要“做好兴修水利的计划”。

新中国成立前夕的1949年夏季，长江和淮河堤防决口，江、浙、沪的海堤在台风袭击下几乎全线崩溃，千百万灾民陷入水深火热之中。

1950年7月，淮河中游又是水势猛涨，超过1931年最高水位，造成重大灾害。7月20日，毛泽东在华东防汛总指挥部关于安徽、河南两省水灾情况报告上写批语给周恩来：“除目前防救外，须考虑根治办法，现在开始准备，秋起即组织大规模导淮工程，期以一年完成导淮，免去明年水患……”

8 月 5 日，毛泽东在皖北区党委就当地灾情和救灾工作意见上批示：“请令水利部限日作导淮计划，送我一阅。此计划八月份务须作好，由政务院通过，秋初即开始动工……”

8 月 28 日，华东军政委员会向周恩来转报了中共苏北区委的电报，电报强调了苏北的困难，认为如果当年即行导淮，将改变苏北的整个工作计划，对农业和土改等其他工作影响很大，而且在各方面的准备工作上都感仓促。8 月 31 日，毛泽东在华东军政委员会向周恩来转报的中共苏北区委的电报批示：“周：此电第三项有关改变苏北工作计划问题，请加注意。导淮必苏、皖、豫三省同时动手，三省党委的工作计划，均须以此为中心，并早日告诉他们。”

9 月 21 日，毛泽东收到安徽省负责人曾希圣电告皖北灾民拥护治淮的情况，为督促治淮工程早日开工，做出批示：“周：现已 9 月底，治淮开工期不宜久延，请督促早日勘测，早日做好计划，早日开工。”连用三个“早日”，可见，毛泽东对根治淮河水患的心情何等迫切。

1950 年 10 月，政务院发布《关于治理淮河的决定》，制定了“蓄泄兼筹”（即上游以蓄为主，中游蓄泄兼施，下游以泄为主）的治淮方针、治淮原则和治淮工程实施计划，确定成立隶属于中央人民政府的治淮机构——治淮委员会。由此掀起了新中国第一次大规模治水的高潮。

“华夏水患，黄河为大。”自古以来，黄河就以“三年两决口，百年一改道”著称。据史书记载，在距今 2500 年间，黄河决口泛滥 1500 多次，平均每三年发生两次，大的改道 26 次。

新中国成立以后，毛泽东十分关心黄河的防洪问题。1952 年 10 月 30 日，毛泽东亲自察看黄河险工、石坝，详细询问大堤和石坝的修筑情况，指示一定要把这些大堤修好，而根治水患的重要途径在于对干支流水库的全面治理和水土保持工作，要求相关部门在干支流兴建大量水库处理拦沙泄洪，并制订长远的规划。同时，毛泽东指出：“不是几千个，要修几万个，几十万个才能解决。”

我国的第一大河——长江也是水患频频。对于长江的防洪问题，毛泽东更是忧心忡忡。1953年2月19日，毛泽东视察长江，并下定决心，一定要治理好这条大江。1954年，长江发生百年一遇的特大洪水，洪水造成了巨大的损失。针对洪灾，毛泽东开始考虑如何修建三峡大坝解决长江的防洪问题。他认为，在长江支流耗费大量人力物力修建水库，并没有达到控制洪水的目的，应该在三峡总口子上下功夫。并指出，修建三峡大坝，首先要解决长江上游降雨所造成的洪水问题，同时还要全面治理，不能头痛医头，脚痛医脚，而是标本兼治，有机结合，既解决当前急迫的需要，又能满足长远和根本的治理要求。1958年3月，在成都举行的中央政治局扩大会议（即成都会议）通过了《中共中央关于三峡水利枢纽和长江流域规划的意见》，指出在治理长江的规划中，要正确处理远景与近景，干流与支流，上、中、下游，大、中、小型，防洪发电灌溉与航运，水电与火电，发电与用电等七种关系。

毛泽东多次巡视大江大河，认真察看河防情况，在调查研究的过程中，对我国水资源状况有了深入的了解。他指出，我国幅员辽阔，但是水资源分布极为不均匀，北方严重缺水，南方水多且经常泛滥成灾。面对这一重大矛盾，毛泽东第一次提出南水北调的宏伟设想。1953年2月，毛泽东乘长江舰由武汉到南京视察工作，在途中，他向长江流域规划办公室主任林一山提出："南方水多，北方水少，如有可能，借一点来是可以的。"此后，遵照毛泽东的指示，南水北调被列为治理开发长江的规划之中。1958年，《引江济黄济淮规划意见书》报送中央，对南水北调的具体路线做了规划。

正是毛泽东根据我国国情水情，从治国安邦、兴利除害、造福人民的高度，提出了一系列治水思想，并把大江大河的治理与开发有机地结合起来，使新中国的水利事业取得了令人瞩目的伟大成就。也正是基于对水利战略地位的高度认识，在新中国成立后的前30年的时间里，以毛泽东、周恩来等为代表的老一辈革命家以改造山河的英雄气概，领导了大江大河的规划和治理，揭开了中国治水的新篇章。在当时国家人力、物力、财力、技术等方面条件的限制下，分清缓急、有先有后、保证重点，首先解决了淮河、永定河水患。把治理淮河、修建官厅水库、荆江分洪和引黄济卫作为三年经济恢复时期和

"一五"期间的四大水利工程。20 世纪 50 年代至 70 年代黄河三门峡水库、汉江丹江口水库、长江葛洲坝水利枢纽相继修建。这些水利设施为抗御自然灾害、为保障和促进农业及国民经济的发展起了重要的作用，使我国扭转了历史上长期以来南粮北调的局面。

党的十一届三中全会的召开标志着我国社会主义建设进入一个新的阶段，水利的战略地位越来越受到党中央的高度重视。在改革开放和社会主义现代化的建设中，邓小平继承和发展了毛泽东的水利建设思想，提出水利不仅是农业的命脉，还要"为社会经济全面服务"。20 世纪 80 年代，在总结新中国水利建设经验教训的基础上，我国把水利的改革和发展纳入新的轨道，并在 1984 年明确提出，"水利要从为农业服务为主转到为社会经济全面服务，从不讲投入产出转到以提高经济效果为中心的轨道"。

1980 年 7 月 23 日，邓小平视察黄河花园口，在黄河大堤上，详细询问黄河的汛期流量和防洪措施。他走下大堤，走到黄河主航道旁，询问黄河泥沙的情况和防止泥沙淤积的措施。他指出，维持黄河的现状，仍有相当大一部分地区和人口在特大洪水出现时有危险，因此，还是要搞小浪底水库，解决黄河中下游的汛期防洪问题。（中共中央文献研究室编《邓小平年谱（一九七五——一九九七）》）

1982 年 9 月 22 日，邓小平在听取关于二滩水电站建设等问题汇报时指出："建设二滩水电站，已经讲了很久了，我赞成。不只是二滩水电站，还有一批项目要上。要搞现代化，没有大的骨干项目办不到，没有骨干工程，小项目再多也顶不了事。对于这些大项目，每一个都要做好前期工程。"（中共中央文献研究室编《邓小平年谱（一九七五——一九九七）》）

随着改革开放的深入，兴建三峡工程被提上了议事议程。而兴建这一举世瞩目的水利枢纽工程，不仅要考虑到国家的经济承受能力，还要考虑到整个长江流域的航运、环境、生态等诸多方面的复杂因素，因此，围绕其是否可行国内外专家学者纷纷发表意见。针对当时一些不同意见，邓小平说："中国政府所做的一切事情都是为了人民，对于兴建三峡工程这样关系千秋万代的大事，一定会周密考虑，有了一个好处最大、坏处最小的方案时，才会决定开工，是决不会草率从事的。"1980 年 8 月，国务院召开常务会议研究三峡问题，并决定由各部门的专家对三峡建设进行论证。在此基础上，1992 年，七届全国人大五次会议讨论通过了《关于兴建长江三峡工程的决议》。

1992 年 1 月，88 岁高龄的邓小平前往武昌、深圳、珠海、上海等地视察，在长沙火车站听取中共湖南省委书记熊清泉的汇报。在听到 1991 年湖南北部发生洪涝灾害、南部发生旱灾，但在大灾之年仍然夺得农业大丰收时说，这样的大灾，不要说在第三世界受不了，就是发达国家也受不了。只有我们中国，依靠共产党的坚强领导，依靠社会主义制度的优越性，才能战胜这样大的灾害。(中共中央文献研究室编《邓小平年谱（一九七五—一九九七)》)

在改革开放和社会主义现代化建设中，邓小平思考社会经济发展战略时高度重视发展水电与防洪问题，这是党的第二代中央领导集体，在改革开放新形势下对水利战略地位的深刻认识，并对新的治水决策产生了重要影响。

江泽民就任总书记后，第一次外出视察的地方是荆江大堤。这不仅仅由于“万里长江，险在荆江”，也不仅仅是对防洪问题的高度重视，而是集中体现了党中央对所有关于水的问题的高度重视。他一再强调：“兴修水利是安民兴邦的大事，必须切实抓紧抓好。”“搞好水利建设，是关系中华民族生存和发展的长远大计。”他提出必须把水利等农业基础设施放在与能源、交通、重要原材料等基础产业同等重要的地位。提出把发展水利、治水秀山看成开展扶贫工作实现脱贫致富的重要途径。

1991 年，七届全国人大四次会议确定的《关于国民经济和社会发展十年规划和第八个五年计划纲要的报告》中第一次正式明确，“要把水利作为国民经济的基础产业，放在重要的战略地位”。所谓基础产业，是指支撑国民经济和社会发展的具有基础地位的产业，对其他产业以及经济活动具有制约作用，具有不可替代性。如果受到削弱，就不利于其他产业的发展，并直接影响人民生活的需要。水利基础产业的地位得到了确认，这个重大转变对加快水利产业的发展无疑具有巨大的推动作用。它改变了过去把水利只从属于农业的传统观念，在水利史上具有重要的意义。

1998 年大洪水之后，江泽民几乎是逢会必讲水的问题。他说：“水是人类生存的生命线，也是农业和整个经济建设的生命线。”我们必须高度重视水的问题。1998 年抗洪抢险所取得的伟大胜利，全国人民在抗洪抢险中所表现的“万众一心、众志成城，不怕困难、顽强拼搏，坚韧不拔、敢于胜利”的伟大抗洪精神，向全世界展示了当代中国的精神和力量。

4. 经略江河的中华伟力

丹江口大坝巍然矗立，陶岔渠首闸门洞开，一江碧波奔腾向北。2014 年 12 月 27 日，经过数万建设者历时 12 年的艰苦努力，举世瞩目的南水北调中线工程正式通水。

这是人类迄今为止最为宏大的调水工程。自湖北丹江口发端，穿越河南、河北、北京、天津，把汹涌的洪流化作滋养生灵的甘泉，惠及亿万民众，实现了 20 世纪中叶一代伟人毛泽东提出的“南方水多，北方水少，如有可能，借点水来也是可以的”的世纪构想。

这注定是中国乃至世界水利史上一座伟大的丰碑。截断滔滔汉水，洞穿黄河河底，驱那一江清水北去三千里，滋润北国无数城镇以及干渴的大地。

古老的长江文明与悠远的黄河文明，实现跨地域对接，长江、淮河、黄河、海河四大流域相互连通，构成中国水资源“四横三纵”的庞大水网，南北文化真正实现水火相济。这是唯一不曾断代的古老中华文明最为辉煌的当代表达之一，凸现了当代中国经略江河的人间伟力。

新中国成立后，党和政府高度重视江河治理和水利工程建设，把水利建设放在恢复和发展国民经济的重要地位。毛泽东先后号召“一定要把淮河修好”“要把黄河的事情办好”“一定要根治海河”，华夏大地掀起了一波又一波的水利建设热潮。

“走千走万，不如淮河两岸。”淮河流域流传的民谣，与其说是远古时期先民生活的写照，不如说是先民对淮河寄托的期待。

古称“四渎”之一的淮河，是中国东部地区的南北方分界线，是孕育中华民族的一条重要河流。据历史文献统计，在公元前 252 年至公元 1948 年的 2200 年中，淮河流域每百年平均发生水灾 27 次，是一条极其复杂难治的河流。

新中国大规模治水事业开端于治淮。1950 年 8 月，政务院召开第一次治淮会议。10 月 14 日，政务院颁布了《关于治理淮河的决定》，确定成立隶属于中央人民政府的治淮机构——治淮委员会。由此掀起了新中国第一次大规模治理淮河的高潮。

“蓄山水”“给出路”“引外水”……20 世纪 50 年代，是新中国第一次大规模治理淮河的高潮，在当时国民经济异常困难的情况下，河南南湾水库、安徽佛子岭水库、梅山水库等一大批大型水利工程开工建设，保障了新中国经济社会事业的发展。

1991 年 9 月，国务院召开治淮治太会议，做出《关于进一步治理淮河和太湖的决定》，新中国治淮进入第二次大规模建设时期。针对淮河发生严重洪涝灾害暴露出的问题，实施以防洪除涝为主要内容的治淮 19 项骨干工程。入海水道工程竣工，使淮河 800 多年来，第一次有了自己的入海尾闾；临淮岗洪水控制工程竣工，使淮河干流正阳关以下的防洪标准提升到了百年一遇。

经过长达 60 多年的蓄水、挖河和修堤，淮河基本解决了水多和水少的矛盾。淮河流域共修建大中小型水库 5700 余座，总库容 300 亿立方米。建成各类水闸 6600 多座，提高了防洪除涝控制能力，为有效利用水资源创造了条件。先后开挖了茨淮新河、怀洪新河等人工河道，兴修加固各类堤防 5 万余公里、重要堤防 1.1 万公里。淮河干流上游防洪标准达到十年一遇，中下游重要防洪保护区和重要城市的防洪标准提高到百年一遇；沂沭泗水系中下游重要防洪保护区的防洪标准总体提高到五十年一遇。

“中国川源以百数，莫著于四渎，而河为宗。”被誉尊为百川之首的黄河，养育了中华民族，也曾给中华民族带来深重灾难。

“黄河平，天下宁。”从古至今，黄河治理都是治国兴邦的一件大事，黄河安危，事关大局。

传说大禹治水时，滔滔黄河流经潼关时被中条山和华山挡住去路，大禹劈山导滞，让黄河穿山而过，从此，人们便用中条山的“中”字和华山的“华”字组合起来，命名黄河流过的地方为“中华”。

善淤、善决、善徙是黄河的特性，一旦决口，洪水可北抵京津、南达江淮。历史上黄河决口1590次，改道26次，水患所至，黄沙扑空城，人或为鱼鳖。历史上，为了把黄河治好，有为君主宵衣旰食，河工百姓舍死忘生。

1946年，新中国还没有成立，冀鲁豫解放区就成立了黄河水利委员会，开启了人民治理黄河新纪元。

从被称为“悬河头、华北轴”的郑州沿黄河南行，两岸雄伟的大堤已成黄河一景。从当年“一手拿枪、一手拿锨”，到现在机械化作业，成千上万的军民，先后四次加高培厚黄河大堤，筑起了1400公里固若金汤的长堤，相继修建了三门峡、故县、小浪底等干支流水库工程。据统计，新中国成立至今，加固黄河大堤所用的土石方量能建15条万里长城。

过去，黄河干流上没有一座水库，如今，从青海龙羊峡到河南小浪底，18座水库如18颗明珠缀在黄河上。目前黄河水库仅发电装机容量就达1700多万千瓦，还在防洪、灌溉、供水中发挥了巨大作用。

历史上受黄河水害最为严重的下游两岸大地，如今却成了受黄河惠泽最厚的地区，每年有100多亿立方米黄河水滋润着3900多万亩农田，成为我国最大的农业自流灌区。黄河以占全国2.2%的天然径流量，滋养着全国12%的人口，灌溉着全国15%的耕地，还为沿岸50多座大中城市供水，并支撑着流域内石油、煤炭等工业。

“黄河万里触山动，洪波喷流射东海。”从古代诗人笔下，我们读到的是一条水量丰沛、生命强健的黄河。可自20世纪70年代以来，黄河突然停止了脚步，自山东利津断面开始断流。黄河顿失滔滔景观，举世震惊。

世界上没有哪一条河流像黄河这样，每年携带数亿吨泥沙扑向大海，多年平均输沙量达16亿吨，使河床越垒越高，成为悬河。黄河治理，既要治水，也要治沙。实现黄河不断流，维持河流健康生命，保障沿岸工农业生产，黄河担负着新的历史使命。

1999年3月，经国务院批准，黄河开始实施首次水量统一调度，沿黄利益各方顾全大局，确定了分水方案，保证了黄河生态流量，黄河水再入大海，黄河的河流生命得以延续。

2002年，黄河小浪底进行第一次调水调沙试验，不仅将6640万吨泥沙输送入海，还找到了黄河下游泥沙不再淤积的临界流量和临界时间。2003年和2004年，通过对万家寨、三门峡、小浪底等黄河干流水库进行联合调度，人工制造出流量更大、持续时间更长的洪水过程，对下游河道进行全线冲刷。2005年起，黄河调水调沙正式转入生产运用阶段。

水量统一调度，使黄河连续十多年没有断流，逐年刷深的主河道，不断增强的过流能力，意味着在中小洪水情况下，河水不会漫出主河道淹没庄稼和房屋。黄河下游主河道过流能力从1800立方米/秒恢复到3500立方米/秒以上，下游河道3.8亿吨泥沙被冲刷入海，主河槽平均下降1米，一条濒危的大河逐渐恢复了往昔雄浑的气势、奔腾的活力。

由于调水调沙，黄河口湿地呈现勃勃生机。黄河口湿地以年均5万亩的速度在增长，成为世界上土地面积自然增长最快的保护区。随着湿地面积增加和淡水水位上涨，初步遏制了下游生态恶化的趋势……

从20世纪50年代治淮为先导，新中国开展了对海河、黄河、长江等大江大河大湖的治理，在各流域上中游的水土流失区开展水土保持工程建设，治淮工程、长江荆江分洪工程、官厅水库、三门峡水利枢纽等一批重要水利设施相继兴建。20世纪六七十年代，全国各地高举“水利是农业的命脉”的旗帜，广泛开展了农田水利基本建设，加强加固了农村水利的基础。

改革开放后，党中央、国务院高度重视水利建设，进一步明确了水利的基础地位，对水利的投入大幅增加，江河治理和开发步伐明显加快，长江三峡、黄河小浪底、治淮、治太等一大批防洪、发电、供水、灌溉工程开工兴建，水利建设呈现出加快发展的良好态势。

1998年长江大水后，国家决定进一步加快大江大河大湖治理步伐。长江干堤加固工程、黄河下游标准化堤防建设全面展开，治淮19项骨干工程建设加快推进，举世瞩目的南水北调工程及尼尔基、沙坡头、百色水利枢纽等一大批重点工程相继开工，江河中上游水土流失治理力度进一步加大。

大型综合性水利枢纽工程是科学防控洪水和调度配置水资源的重要手段，是一个国家综合国力的标志和象征，也代表了一个国家的水利工作水平和能力。值得自豪的是，改革开放以来，一个新的时代孕育了一大批经典水利工程，而这些经典水利工程，又为时代的发展书写了浓墨重彩的篇章。

长江三峡水利枢纽工程——迄今为止世界上规模最大的水利枢纽，水库正常蓄水位175米，防洪库容221.5亿立方米，总库容达393亿立方米，作为长江中下游防洪体系中的关键性骨干工程，建成后使长江荆江段防洪标准达到百年一遇，水电站年平均发电量达882亿千瓦时，万吨级船队每年有半年时段可直航重庆市，年通航能力提高四五倍。其巨大的防洪、发电、航运、供水灌溉等效益，是世界上任何水利工程都无法比拟的。

黄河小浪底水利枢纽工程——黄河上最大的控制性枢纽工程，建成后大大缓解了花园口以下的防洪压力，使黄河下游防洪标准从原来的约六十年一遇提高到千年一遇，基本解除了黄河下游凌汛的威胁，同时，有效减少了泥沙淤积，发挥了供水、灌溉和生态修复等作用。小浪底水利枢纽工程不仅防洪效益显著，还通过连续十多年调水调沙，实现黄河下游河道的冲刷疏浚，为两岸人民生产生活和经济社会发展提供了有力的保障。

临淮岗洪水控制工程——淮河中游最大的水利枢纽，它的建成结束了淮河中游无防洪控制性工程的历史，实现了沿淮人民的百年夙愿和几代治淮人的世纪梦想，标志着淮河流域整体防洪保安达到了一个新的水平。

南水北调工程——优化我国水资源配置的重大战略性基础设施，2014年12月27日，南水北调中线正式通水。工程建成后，将有效解决北方水资源严重短缺问题，实现长江、淮河、黄河、海河四大流域水资源的合理配置，统筹规划调水区和受水区的经济效益、社会效益和生态效益，中华大地从此可以形成“四横三纵、南北调配、东西互济”的水资源配置格局。

百色、尼尔基、沙坡头等水利枢纽工程作为国家实施西部大开发战略的标志性工程，对所在河流提高防洪标准、优化水资源配置、保障受益区供水安全、改善区域生态与环境及促进地方经济和社会发展都具有重要意义。

据统计，在新中国成立至2009年的60年间，国家先后投入上万亿元资金用于水利建设，水利工程规模和数量跃居世界前列，水利工程体系初步形成，江河治理成效卓著。长江、黄河干流重点堤防建设基本达标，治淮19项骨干工程基本完工，太湖防洪工程体系基本形成。

大规模的大江大河治理，使我国大江大河主要河段已基本具备了防御新中国成立以来发生的最大洪水的能力。中小河流具备防御一般洪水的能力，重点海堤设防标准提高到50年一遇。水利工程设施体系不断加强，大江大河大湖防洪状况极大改善，水利对人民生命财产安全的保障作用和对经济社会发展的支撑能力进一步增强。

兴水利，除水害，大水发生时确保防洪安全，大旱发生时确保供水安全和粮食安全，是治国安邦的大事。新中国成立60多年来，防汛抗旱工作已经步入一个新天地，历史上一场洪水夺走几万、几十万人生命，一场大旱即造成饿殍遍野的景象不再重现。

1931年长江大洪水，死亡人数超过14.5万人。1954年长江大洪水，京广铁路中断100多天，死亡人数3万多人。1998年大洪水，因灾死亡人数降低到1931年长江大洪水的1%、1954年大洪水的4.7%，特大自然灾害损失减少到了最低程度。

1931年淮河特大洪水，死亡7.5万人。1954年发生类似于1931年的全流域性特大洪水，死亡人数下降为2000多人。1991年淮河、太湖流域发生大水，死亡人数大幅度减少。2003年淮河大洪水，及时启用行蓄洪区，运用治淮骨干工程科学调度，大大降低了洪水的威胁，人民群众生活基本稳定。2007年淮河大洪水期间，综合运用新中国成立以来建成的防汛应急管理体系，洪水管理科学有效，无一人因洪水灾害死亡，创造了新中国成功防御大洪水的新纪录。昔日“大雨大灾、小雨小灾、无雨旱灾”的旧景象一去不复返。

2006年，川渝发生百年不遇的大旱，水利基础设施发挥了关键作用，人民群众吃水无忧，无一人因旱灾死亡。2009年年初，北方冬麦主产区发生罕见大旱后，黄河数座大水库联合调度，各类水利基础设施共同发挥作用，群众吃水无忧，城市用水正常，而且确保了夏粮丰收。

进入21世纪，人类面临突出的问题是人口急剧增长，水资源日益紧张和水环境的日趋恶化。新中国的治水实践，在反思传统治水思路的基础上，形成了新的治水认识：水是基础性的自然资源，是生态环境的控制性要素，在治水中要坚持按自然规律办事，从人类向大自然无节制地索取转变为人与自然的和谐共处；在防止水对人的侵害的同时，特别注意防止人对水的侵害；从重点对水资源进行开发、利用、治理转变为在对水资源开发、利用和治理的同时，要特别强调对水资源的配置、节约和保护；重视生态与水的密切关系，把生态用水提到重要议程，防止水资源枯竭对生态环境造成的破坏；从重视水利工程建设转变为在重视工程建设的同时，要特别重视非工程措施，并强调科学管理；从以需定供转变为以供定需，按水资源状况确定国民经济发展布局和规划。

治水手段也不断创新，认为水是商品，是战略性的经济资源，在新的市场经济条件下，要坚持按经济规律办事，实行政府宏观调控和市场机制有机结合，充分发挥市场在资源配置中的拉动作用，积极探索建立水权制度和水权交易市场推进水利投融资体制改革和水价机制改革，促进水资源的节约利用、优化配置和有效保护。

1998 年的长江大洪水促使防洪思路转变，从无序、无节制的人与水争地，转变为有序、可持续的人与洪水和谐。从 1998 年开始，党和政府累计投资数百亿元开展了大规模的长江综合防洪体系建设，退田还江还湖，就近移民 242 万人，恢复水面 2900 平方公里，增加蓄洪容积 130 亿立方米。这是中国历史上千百以来第一次从围湖造地、人水争地，转变为主动地大规模退田还湖，给洪水以出路。

从 2002 年 10 月 1 日起，中国开始施行修订后的《中华人民共和国水法》。新水法按照流域管理与行政区域管理相结合的原则改革管理体制，强调水资源的统一管理，确立了流域管理机构的法律地位；把节约用水、提高用水效率放在突出位置，按照总量控制与定额管理相结合的原则，以实施取水许可制度和水资源有偿使用制度为重点加强用水管理；加强水资源的宏观管理，明确了水资源规划的法律地位，规定了一系列加强水资源配置管理的法律制度；重视水资源与人口、经济发展和生态环境的关系协调，重视了在水资源开发、利用中对生态环境的保护。

2000 年，国家“十五”计划将“建设节水型社会”正式列为国策，开始探索节水型社会建设。2002 年，水利部选择甘肃张掖、辽宁大连、四川绵阳等地区进行节水型社会建设试点。其中张掖市节水型社会建设试点是中国首次开展的区域性综合节水示范项目，通过明晰水权、调整产业结构，在连续数年大幅度削减用水量完成黑河分水任务的情况下，促进了当地经济增长和社会发展，并使黑河的下游生态得到明显改善。2003 年，水利部总结甘肃张掖试点经验，提出“建设节水型社会的社会意义绝不亚于三峡工程、南水北调工程”。2004 年以来，节水型社会试验的经验开始向全国推广，建设节水型社会已经成为政府的优先行动和全社会的共识。

面对困扰中国河流的诸多生态问题，2005 年，首届长江论坛通过了《保护与发展——长江宣言》，第二届黄河国际论坛发表了题为《维持河流健康生命》的宣言，这两个宣言均强调河流是有生命的，维护河流生态系统健康具有重要意义，提出将河流健康作为流域管理的新目标。2006 年，国家“十一五”规划纲要中首次提出“在保护生态基础上有序开发水电”，凸显了人与自然和谐相处的新理念。

第二章
全新视野，开启国家水安全新战略

1. 笼罩全球的水危机

地球上的水资源总量约为13.8亿立方公里，其中97.5%是海水（13.45亿立方公里），淡水只占2.5%，且大部分分布在南北两极地区的固体冰川中。除此之外，地下水的淡水储量也很大，但绝大部分深层地下水，开采利用的也很少。人类目前比较容易利用的淡水资源，主要是河流水、淡水湖泊水以及浅层地下水，这些淡水储量只占全部淡水的0.3%，占全球总水量的0.007%，即全球真正有效利用的淡水资源每年约有9000立方公里。

有限的淡水资源分布又非常不均匀，世界每年约有65%的淡水资源集中在不到10个国家中，而占世界总人口40%的80个国家却严重缺水。水源最丰富的地方是拉丁美洲和北美洲，而在非洲、亚洲、欧洲人均拥有的淡水资源就少得多。中东是一个严重缺水的地区，其主要的水源是约旦河，与该河息息相关的国家或地区有约旦、叙利亚、黎巴嫩、以色列和巴勒斯坦，这些国家或地区几乎没有其他可以代替的水源，缺水问题极为严重。另一个缺水严重的地区是非洲，该地区包括埃及、苏丹、埃塞俄比亚、肯尼亚等9个世界上干旱最严重的国家。

20世纪以来，随着人口膨胀与工农业生产规模的迅速扩大，全球淡水用量飞快增长。1900—1975年，世界农业用水量增加了7倍，工业用水量增加了20倍，并且近几十年来，用水量正以每年4%—8%的速度持续增加，全世界每天消耗的淡水量超过9万亿升。淡水资源缺乏，水井愈打愈深，落后的水资源意识和灌溉方式使发展中国家本来已很有限的水资源大部分都被农业消耗掉了。全世界许多地方，地下水位下降，引起一系列严重的问题，而且污水和工业废水增加，大大减少了淡水供应量。

据联合国公布的数据，全球用水量在20世纪增加了6倍，其增长速度是人口增速的2倍。全球有12亿人用水短缺，全球约有1/5的人无法获得安全的饮用水，40%的人缺乏基本卫生设施。每年有300万到400万人死于和水有关的疾病。预计到2025年，水危机将蔓延到48个国家，35亿人为水所困。

2006年3月，在第14个“世界水日”前夕，联合国发布了《世界水资源开发报告》。报告指出，生命之河面临着枯竭，世界各地主要河流正以惊人的速度走向干涸，昔日大河奔流的景象不复存在。世界第一大河、有埃及“生命之河”称谓的尼罗河以及印度文明的发祥之地、现属于巴基斯坦的印度河到达入海口时的水量大大减少了，美国加利福尼亚州北部的科罗拉多河水则难以到达入海口。另一些，像约旦河和美国与墨西哥的界河——格兰德河，则因为部分河床干涸，造成河流长度大大缩减。

报告指出，地球上的河流、湖泊以及人类赖以生存的各种淡水资源状况正以“惊人的速度恶化”。曾任联合国副秘书长、联合国环境规划署执行长官的克劳斯·特普费尔博士将这一现状形容为“一起正在制造中的灾难”，“极大地改变了世界范围内河流的自然秩序”。全球最长的20条河流上都筑起了大大小小的堤坝，全世界有4.5万余个大型堤坝，将至少15%的水流限制在堤坝内而非流入大海，堤坝覆盖的总面积已接近全球陆地总面积的1%。

联合国另一个有关气候变化与水资源的报告描绘了世界水资源未来的悲惨的图像：到2050年，亚洲超过10亿人口可能面临缺水的危机，气候变暖还将导致部分地区增加遭受水灾、霍乱蔓延以及粮食价格高涨的风险，亚洲重要的水源——喜马拉雅冰川面积的持续缩小会使印度人均可利用水量减少到现在的一半。气候变暖的不良影响除伴随河川流量减小而带来的水力发电量减少和水质恶化外，还可造成农作物产量下降和沿海、沿江地区的水灾。

预计到21世纪末，南亚的谷物产量可能减少10%，海流变化和海水温度上升将危害鱼类的养殖，疟疾、登革热和霍乱的流行范围也将扩大。

根据该报告，中国将是受全球气候变化影响最严重的国家之一。全球变暖，喜马拉雅山脉的冰川不断缩减，气温上升使得温带和干旱地区转移北上。根据目前的融化速度，包括天山在内的冰川将在2050年消失，其余也将在2100年杳无踪迹。青藏高原的冰川不仅是全球气候变化的晴雨表，同时也是黄河和长江的发源地。目前，它正以每年7%的速度萎缩。如果温度上升超过了2摄氏度的危险阈值，冰川将更加迅速地融化。一旦作为水库的冰川资源消耗殆尽，其所产生的水流量将会锐减。为亚洲超过20亿人提供水源，保证农业灌溉的七个主要水道——雅鲁藏布江、恒河、怒江、黄河、印度河、湄公河、长江都会受到影响。气候变化也会直接影响中国陆地国土面积一半的干旱和半干旱地区，特别是北部和西部地区受影响最严重，目前海河、淮河、黄河流域部分地区的用水需求量是可再生水供应的140%，这正是主要河道水资源快速萎缩和地下水显著下降的重要原因。中国1.28亿农村贫困人口约有半数生活在这个地区，并且这个地区的耕地面积占全国总量的40%，产量占全国GDP的三分之一。

2009年1月，世界经济论坛发表的报告指出，全球将在20年内陷入“水资源破产”的困境。这除了将加剧水源争夺战，也会失去数量相当于印度和美国谷类收成总和的农作物。粮价将因此暴涨，水也会变得比石油更有投资价值。在未来，全球若是继续运用像过去一样的方式来管理水资源，整个经济网络将会陷入崩溃。

由于能源生产过程中需要用到大量的水，因此随着能源需求的增加，水的消耗量也会跟着上升。目前在美国和欧盟，能源生产所占的水消耗总量分别为39%和31%，而食用水只占了3%。但美国的能源生产的需水量预计将增长高达165%，欧盟则将增加130%。这将对农业用水造成极大压力。

报告认为，到2100年，位于喜马拉雅和西藏的冰川将会完全融解，但冰川融解所提供的水也只足够20亿人使用。鉴于以上各种因素，水源争夺战预计会在未来变得更为激烈。联合国秘书长潘基文在2009年达沃斯世界经济论坛上说，水供短缺的问题是广泛而具系统性的，因此处理这个问题的方式也应该如此。

水资源作为一种重要的经济资源和战略资源，已经和现代社会经济的发展及人类的生存密切相关。缺水不仅仅影响到经济的发展、社会的稳定、人民生活和生命的安全，更容易引起国家、地区间的争端甚至战争。

世界上有许多国家地面上的水源，很大程度上依赖于流经邻国的河流。在世界范围内，至少有200多条河流跨越两个或两个以上的国家，例如恒河、尼罗河、约旦河、底格里斯河、幼发拉底河和中亚的锡尔河等。位于河流上下游、左右岸的国家或地区，为了满足不断增长的社会经济发展和人民生活水平改善所需要的水，必然要从同一条河里不断增加取水量，从而势必造成国家间或地区间用水的不平衡，引起外交争端甚至发生战争。

据《联合国世界水资源开发报告》统计，在过去50年中，由水引发的冲突共507起，其中37起是跨国境的暴力纷争，21起演变为军事冲突。这些数字印证了水的问题如不能妥善解决，就会成为战争的导火索。而且，半个世纪以来，水的争端愈演愈烈，已经成为战争的根源之一。

前联合国秘书长加利曾预言："今后某些地区的战争将不是政治的战争，而是水的战争。"前世界水资源委员会主席伊斯梅尔·塞拉格尔丁也直言不讳地预言："21世纪的战争将是为了水。"

史籍记载，距今4500年前，美索不达米亚平原上的两座古城邦拉格什和乌玛之间，为争夺幼发拉底河与底格里斯河的控制权而相互宣战，爆发了人类历史上第一次夺水战争，在此后的数千年里因水而战的冲突屡屡上演。

以色列为控制与约旦、叙利亚共有的约旦河水源，是数次中东战争的重要原因之一。1967年，以色列唯恐约旦、叙利亚让约旦河上游改道，切断以色列的水源，于是通过武力，占领了约旦河西岸、叙利亚的戈兰高地等领土，控制了约旦河流域，从此，为以色列解决了40%的用水。戈兰高地是约旦河的源头所在地，有中东地区的"水塔"之誉，水资源的战略地位不言而喻。后来，戈兰高地一直是叙以和谈十分重要的中心议题，以色列在水的使用权上得不到对方大的让步，就不会轻易撤出戈兰高地。

地处西亚的土耳其，拟在自己本土的幼发拉底河上修筑22座水坝，以发展农业和解决民生用水。然而这条以土耳其为发源地的大河，中游和下游却贯穿叙利亚、伊拉克，如果源头建大坝截水，中下游的水量就会大大减少，且水质将受到严重污染，势必影响生态环境。这引起了叙、伊两国的恐慌和愤怒，以致叙、伊与土耳其在水问题上互不相让，矛盾尖锐。土耳其甚至为一座已建造好的大型水利工程配备了地对空导弹，这都为地区的安全埋下了隐患。

非洲是世界上缺水最严重的地区。全球无安全用水人口比例最高的25个国家中，非洲就占19个。孕育了古埃及文明的尼罗河，被誉为“众河之父”，全长6648公里，为世界最长河流，源出赤道南部东非高原，流经10个国家，最后注入地中海，沿河流域的国家和人民生活的一切都和尼罗河息息相关。但这里发生的水资源之争也引起了全世界的关注。流经苏丹的尼罗河长达3000公里，苏丹准备建造若干大坝的计划，对处于尼罗河下游的紧邻埃及而言，犹如掐喉咙般难以接受。但苏丹置埃及的警告于不顾，仍以“水武器”相威胁，一再宣称要关上生命攸关的水龙头。

亚洲的恒河同样是一条著名的母亲河，它是古印度文明的摇篮，自古被印度教徒奉为“圣河”。印度不顾位于恒河下游的东巴基斯坦的抗议，1962年悍然开始建筑法拉卡水坝。水坝建成后，到了旱季，东巴基斯坦境内的水量竟然缩减到建坝前的八分之一甚至十分之一。

为共享恒河水资源，1971年，孟加拉国独立后，通过向国际机构多次申诉，在1996年总算与印度签订了一个有关恒河水分配的协定，但也只有30年的有效期，两国的水资源纷争仍然是恩怨不断。而印度同巴基斯坦的摩擦也与另一条大河——印度河相关。印度一直打算在印度河上游拦河筑坝，而巴方深恐境内下游之水锐减，使本已紧张的两国关系雪上加霜。

1997年，纳米比亚和博茨瓦纳在水的问题上发生争执。纳米比亚想在两国之间的水系取2000万立方米的水，博茨瓦纳政府坚决反对，因为在上游取水后，下游就会缺水。为此，两国政府都把状纸告到了海牙国际法庭，两国关系已经到了战争的边缘。现在，纳米比亚、博茨瓦纳和安哥拉已经成立了一个专门委员会来讨论解决相互边界的水权问题。

美洲地区的美国、墨西哥和加拿大，均部分位于科罗拉多河流域。科罗拉多河上游90%的水被美国的城市和农场引走，到达墨西哥境内时所剩已经不多。为此，两国经常发生矛盾。19世纪，美国和墨西哥还为此发生过真枪实弹的战争。直到1944年，两国才坐下来谈判，通过外交途径，达成了一个实际由美国人说了算的两国边境河流的取水协议。

水资源的争夺令人怵目惊心，而且历史颇为悠久。但如今，地球生态环境已被人类活动严重破坏，尤其是水污染的问题更为突出。

水污染是指进入水体的污染物含量超过水体自净能力，使水质受到损害，破坏了水体原有的性质和用途。工矿企业把生产过程中的废水、废渣等排进水体中，造成工业水污染。城市生活废水排进水体中，造成生活水污染。农田灌溉用水把农田中的化肥、农药等污染物质带入水体中，造成农田水污染。还有某些地区化学元素异常，造成水体污染，或植物在腐烂的过程中产生有毒物质进入水体中，等等。

据不完全统计，全世界每年排放污水超过4300亿立方米，造成约55000亿立方米的水体受到污染，约占全球径流总量的14%。据联合国调查统计，全世界河流稳定流量的40%左右受到污染。据联合国监测结果显示，世界上10%的河流缺氧30%以上，50%的河流含较高的大肠菌类，污染河流的亚硝酸盐浓度比未污染河流高出7倍、磷酸盐浓度高出1.6倍。世界卫生组织指出，缺乏清洁水和基本卫生设备，是世界上近80%疾病产生的根源。全球每天死于水源疾病的人数达2.5万人，数百万人身体受损。严重的水污染导致了全世界每年有12亿人因饮用污染水而患病，1500万5岁以下儿童死于不洁水引发的疾病，而每年死于霍乱、痢疾和疟疾等因水污染引发疾病的人数超过500万。

水环境污染，现已成为世界性的重大问题。虽然人们已经认识到污染江河湖泊等天然水资源的后果，并着手进行治理，但水资源已经遭受了巨大的损失，人们将继续为此付出沉重的代价。目前，全世界大约有近半人口（30亿人）居住在城市，到2030年，将会增加到60%。为了快速发展经济，人类在拼命扩大城市规模。而城市又是制造污水最集中的地区，工业污水、生活污水肆无忌惮地侵害着生命赖以生存的环境。

300多年前，全世界总人口只有5亿，那时人类对地球环境的干扰还有限。环境破坏始于18世纪中期开始的英国工业革命，西方世界几乎没用到100年的时间，就把整个世界的财富分割完毕。工业革命距今不过200多年的历史，我们的地球已从陆地到空中、从地表到地下无不被污染殆尽。工业化国家带来的公害和工业污染引来了第一次环境革命。

如果说农业文明是“黄色文明”，工业文明是“黑色文明”，那么生态文明就是“绿色文明”。工业文明以人类征服自然为主要特征，300年的世界工业化的发展使人类征服自然的能力达到极致，一系列全球性生态危机说明地球再没能力支持工业文明的继续发展，需要开创一个新的文明形态来延续人类的生存，这就是生态文明。

1972年，在瑞典首都斯德哥尔摩召开了“国际环境大会”。在这次大会上，人们终于改变了“世界无限”的概念，提出“地球只有一个”，进而提出“无破坏发展”，也第一次提到了“连续的可持续的发展”。

水资源对人类的生存发展至关重要，对许多经济活动也都有直接而重要的影响。随着经济的发展和人口的增加，水资源紧缺、洪涝灾害和水环境恶化问题日益突出，成为制约各国经济、社会、生态环境可持续发展的重要因素，也成为社会进步、区域发展和国家安全的威胁。随着全球资源危机的出现，国家安全观念正在发生变化，水安全已成为国家安全、地区安全的重要因素，与金融安全、经济安全甚至国防安全等处于同样重要的战略地位。

2. 中国水困境

2007年，从我国西南的滇池到中部的太湖，水面上要么滋生着蓝藻，要么漂着一种叫水葫芦的东西；也是这一年，从北方的黄河、中部的淮河到南方的长江，几乎是全流域的洪水警报，有人把这一年叫做洪灾年；也是这一年，西北的新疆、甘肃、宁夏经历了50年不遇的大旱，而陕西、山西、山东则陷入了无雨的困境，国家气象局把这一年形容为50年来最干旱的一年。

2009年至2010年，我国西南地区的云南、贵州、广西、四川和重庆五省区（自治区、直辖市）遭遇特大干旱，其中云南和贵州两省的绝大部分地区干旱达到了百年未遇的严重程度。严重的干旱灾害造成云南和贵州两省秋冬播种农作物受旱面积占全部播种面积的80%以上，而且还使得许多耕地无法播种。由于长达半年无有效降水，个别地区无有效降水持续时间超过200天，众多中小型水库、山塘、水窖干涸，山泉枯竭，导致大量居民和大牲畜饮水困难。在旱情最为严重的2010年4月初，西南五省区共有2088万人因旱临时饮水困难。严重的干旱灾害给西南五省区的社会经济和人民群众的生产和生活造成了巨大的影响和损失。

我们的水到底怎么了？作为世界上人口最多的发展中国家，在全面建成小康社会、加快推进现代化进程中，中国面临着水资源问题的严峻挑战。

中国是一个干旱、缺水严重的国家。淡水资源总量为28000亿立方米，占全球水资源的6%，仅次于巴西、俄罗斯和加拿大，居世界第四位，但人均只有2300立方米，仅为世界平均水平的1/4、美国的1/5，在世界上名列第110位，是全球人均水资源最贫乏的国家之一。如果扣除难以利用的洪水径流和散布在偏远地区的地下水资源，现实可利用的淡水资源量则更少，仅为11000亿立方米左右，人均可利用水资源量约为900立方米，并且其分布极不均衡。

中国气候的特点是北起寒温带，南至热带，跨越纬度达50多度，降水地区差异大。中国东南部背负大陆，面临海洋，属于典型的季风性气候；西北部由于伸入欧亚次大陆内部，属于温带大陆性气候，这就形成了东南部和西北部降水的明显差异。

长城，中国古代为抵御塞北游牧部落联盟侵袭而修筑的规模浩大的军事工程，在很长的历史时期，也是中国农耕文明与游牧文明的分界线。打开中国的降水分布图，一条几乎与长城完全吻合的线条斜穿过中国北部，从东北的大兴安岭经过阴山和贺兰山脉，延伸到西北内陆，这就是400毫米等降水量线——中国半湿润和半干旱区的分界线。也就是说，长城内降水多，长城外降水较少，这一大陆性气候造成的降水规律，在一定范围内也影响了中国5000年的文明发展。

该线以西地区面积约占国土面积的42%，除阿尔泰山、天山、祁连山等山地年降水量较多外，其余大部分地区干旱少雨。其中年降水量200毫米以下面积约占中国的26%，400毫米等降水量线以东地区面积约占中国的

58%。800毫米等降水量等值线位于秦岭、淮河一带，该线以南和以东地区，气候湿润，降水丰沛。该区长江以南的湘赣山区、浙江、福建、广东大部、广西东部、云南西南部、西藏东南部以及四川西部山区等年降水量超过1600毫米，其中海南山区年降水量可超过2000毫米。中国年降水量800毫米以上面积约占中国的30%，其中年降水量超过1600毫米的面积约占中国的8%。

受纬度位置和海陆位置的影响，中国大多数地区一年内的盛行风向随着季节变化而发生显著变化，夏季盛行由海洋吹向大陆的夏季风，冬季则盛行由大陆吹向海洋的冬季风，是典型的季风气候国家。降水有明显的季节变化，主要集中在夏季，一般占全年的45%—65%，各地最大最小月降水量相差比较大。受气候变化的影响，中国近年来降水发生了复杂的变化，对地表水资源已经或正在发生影响，这将导致未来中国的旱涝形势更加复杂、区域特征更加明显、水资源供需矛盾加剧。

中国陆上水资源有以下特点：一是江河湖泊众多。中国是河川之国，据统计，河流总长度达42万公里以上，流域面积在100平方公里以上的河流有5万多条，大于1000平方公里以上的河流有1580条，大于1万平方公里的有79条。其中长江和黄河，不仅是亚洲两条最长的河流，而且是世界著名的巨川大河。中国天然湖泊也很多，湖面面积在1000平方公里以上的大湖就有13个。鄱阳湖、洞庭湖、太湖、巢湖、洪泽湖等，都是闻名全国的大湖。二是水资源的季节和年际变化大。降水是中国河川地表径流和地下径流的主要补给来源。由于降水量的季节分配不均，年际变化大，河川水量丰枯相差悬殊。汛期和丰水年水量大，且来水集中，容易泛滥成灾；枯水季节和少雨年份水量不足，常常出现供水紧张的局面。三是水资源的地区分布极不均衡。由于降水量地区分布的不均匀，带来地表、地下水资源分布的不平衡，由东南部沿海向西北部内陆逐渐减少。长江和珠江流域面积仅占国土面积的1/4，地表径流量却占全国的1/2，黄河、淮河、海河三大流域面积约占全国的1/7，而地表径流量只占全国的1/25。

中国不仅水资源总量不足，而且空间分布严重失衡。南方水资源丰富，北方极度贫乏。长江流域及其以南的水资源总量占全国七大河流总量的84%，而北方的黄淮海流域只占9.9%。北方人均水资源不足1000立方米，是南方人均量的1/3，是全国平均水量的15%，是世界平均水量的1/16。

联合国审议人与水资源短缺标准为：人均水量在2000立方米以下就是缺水国家，人均水量不足1000立方米，即为严重缺水国，人均等于或小于500立方米，为生存极限缺水。而目前，中国有18个省份低于这个标准，其中有10个省份低于联合国审议的维持生存的最低保障线，即人均低于500立方米，这也是国际上严重缺水的警戒线。比如：北京人均水资源量仅285立方米，天津165立方米，上海201立方米，河北不足385立方米，山东394立方米，河南471立方米，宁夏210立方米等。

据统计，到20世纪末，我国每年缺水500多亿立方米，全国600多座城市存在供水不足问题。

2011年，长江中下游地区发生了新中国成立以来最严重、最大范围的干旱。湖北、湖南、江西、安徽、江苏等地发生秋冬春夏四季连旱的特大干旱，范围之广、时间之长、抗灾之急，历史罕见。长江告急，中小河流断流，湖泊面积大幅减少，部分地区出现了饮水困难。洪湖、洞庭湖干涸见底。洪湖水面减少了四分之一，湖底大面积干涸开裂，尽现死鱼。东洞庭湖湿地保护区大片湖面变成“草原”，郁郁葱葱的芦苇和杂草一眼望不到边，零星散落的水滩边竟有不少人在放牛；大量干死的鱼虾躺在龟裂的湖底，无数条搁浅的渔船被烈日炙烤开裂。

昔日的“鱼米之乡”遭遇如此严重的旱情，其他地区更难幸免，“贫水症”正在漫延，我们正步入缺水时代，一方水土养活不了一方百姓，支持不了一方经济发展。

据预测，2030年中国人口将达到16亿，届时人均水资源量仅有1750立方米。在充分考虑节水的情况下，预计用水总量为7000亿至8000亿立方米，要求供水能力比现在增长1300亿至2300亿立方米，全国实际可利用水资源量接近合理利用水量上限，水资源开发难度极大。这就是说，中国在15年左右的时间内，将从轻度缺水转换到中度缺水。

2013年3月，国家水利部的第一次全国水利普查公报公布数据显示，目前经济社会年度用水量为6213.2亿立方米，其中居民生活用水473.6亿立方米，农业用水4168.2亿立方米，工业用水1203.0亿立方米，建筑业用水

19.9 亿立方米，第三产业用水 242.1 亿立方米，生态环境用水 106.4 亿立方米。

我国缺水，但我国的水资源开发利用方式比较粗放，利用效率与效益远低于发达国家，有些指标甚至低于世界平均水平。我国平均单方水 GDP 产出仅为世界平均水平的三分之一。浪费也十分严重。生活中用水不关水龙头放任自流，生产中常流水、大水漫灌随处可见。

作为用水大户的农业，2011 年，我国农田灌溉水有效利用系数仅为 0.51，灌溉供水近一半没有被作物有效利用。全国每年 3600 亿立方米左右的农业灌溉取用水量中，未有效利用的水量相当于几条黄河。目前，世界发达国家农田灌溉水有效利用系数在 0.7—0.8，如果我们提高 10% 至 15%，每年可减少取水量 400 亿至 500 亿立方米，相当于再造一条黄河。

我国缺水也与飞速发展的经济有关，比如工业用水，2000 年比 1949 年增长了 46 倍，达 1000 多亿吨，这与我们的工业用水效率很低有很大关系。我国工业用水的重复利用率与发达国家相比差距很大，发达国家工业万元产值用水量只有 4 吨至 8 吨，而我国平均要用 70 吨至 100 吨。一些费水企业高达四五百吨，甚至 600 余吨。

用水量高于我们 4 倍的美国，工业水重复利用已达 18 次之多，一些发达国家水的重复利用率已高达 80% 甚至 90% 以上，而我国平均只在 20% 左右徘徊，而许多城市和企业根本无重复利用之说。

缺水导致中国西北、华北和中部广大地区水生态失衡，引发江河断流、湖泊萎缩、湿地干涸、地面沉降、海水入侵、土壤沙化、森林草原退化、土地荒漠化等一系列生态问题。华北地区因地下水超采而形成了约 5 万平方公里的漏斗区。

国际公认的流域水资源利用率警戒线为 30%—40%，而中国大部分河流的水资源利用率均已经超过该警戒线，如淮河为 60%、辽河为 65%、黄河为 62%、海河高达 90%。黄河、淮河、海河三大流域目前都已处于不堪重负的状态。

粗放的水资源开发利用，也导致洪水调蓄能力、污染物净化能力、水生生物的生产能力等不断下降。水资源的过度开发利用，使众多珍稀的水生生物数量锐减。城镇水生态系统面临着严峻的挑战。大多数城镇因工业、生活污水排放和农业面源污染超过了当地水系统生态自我修复的临界点，不仅引发了大量水生物种的消失，而且导致蓝藻暴发，水质不断恶化。

“太湖美呀太湖美，美就美在太湖水……”这首广为传诵的歌曲，2007年无锡市民听来却另有一番滋味。5月29日，一场突如其来的饮用水危机，席卷无锡，其罪魁祸首就是太湖蓝藻，根源为水污染。100多万无锡市民只能望水兴叹，散发浓浓腥臭味的湖水，令人食欲全无，正常生活受到严重影响。

日趋加剧的水污染，已对人类的生存安全构成重大威胁，成为人类健康、经济社会可持续发展的重大障碍。据监测，多数城市地下水受到一定程度的点状和面状污染，且有逐年加重的趋势。据水利部统计，2010年全国废污水的排放总量达到了792亿吨，造成水功能区水质达标率仅为46%，丧失利用价值的劣Ⅴ类水质河长占20%。水污染呈现出从支流向干流延伸、从城市向农村蔓延、从地表向地下渗透、从陆域向海域发展的趋势。

最令人痛心的是，城乡饮用水水源地受到污染威胁。“50年代淘米洗菜，60年代洗衣灌溉，70年代水质变坏，80年代鱼虾绝代，90年代身心受害”，这一流传已久的顺口溜反映了饮用水水源地水质的不断恶化。

日趋严重的水污染不仅降低了水体的使用功能，进一步加剧了水资源短缺的矛盾，对中国正在实施的可持续发展战略带来了严重影响，而且还严重地威胁到城市居民的饮水安全和人民群众的健康。

全国城市水域大部分受到污染，突发性污染事故增多，如2010年大连新港发生溢油事故，2012年广西龙江发生镉污染事件，2014年兰州水厂发生苯污染事件，等等。

水资源紧张、水污染严重、水安全事故频发、水生态系统破坏等水安全危机问题，已成为我国国家安全面临的重大问题，这也是我国当前面临水安全危机的一个缩影。

保障水安全就是保卫国家安全。2014年10月，第二届中国“水与国家安全”专题研讨会在北京举行，与会专家学者呼吁，国家应当把水安全作为生态安全、国家安全的重要内容，把水安全问题提至国家战略高度。

3. 史无前例的中央一号文件和最高规格治水会议

水是生命之源、生产之要、生态之基。

2011 年无疑是中国水利史上一个标志性的年份。新年伊始，新中国成立 60 多年来，史无前例地发出了第一个以水利为主题的中央一号文件《中共中央 国务院关于加快水利改革发展的决定》。

文件明确指出："水利是现代农业建设不可或缺的首要条件，是经济社会发展不可替代的基础支撑，是生态环境改善不可分割的保障系统，具有很强的公益性、基础性、战略性。加快水利改革发展，不仅事关农业农村发展，而且事关经济社会发展全局；不仅关系到防洪安全、供水安全、粮食安全，而且关系到经济安全、生态安全、国家安全。"

这是第一次在我们党的重要文件中全面深刻阐述水利在现代农业建设、经济社会发展和生态环境改善中的重要地位，第一次将水利提升到关系经济安全、生态安全、国家安全的战略高度，第一次鲜明提出水利具有很强的公益性、基础性、战略性。

同时，文件又明确指出："人多水少、水资源时空分布不均是我国的基本国情水情，洪涝灾害频繁仍然是中华民族的心腹大患，水资源供需矛盾突出仍然是可持续发展的主要瓶颈，农田水利建设滞后仍然是影响农业稳定发展和国家粮食安全的最大硬伤，水利设施薄弱仍然是国家基础设施的明显短板。"这体现了我们党对国情水情的深刻把握和清醒认识。

从水利是农业的命脉，到水利是经济社会发展的基础支撑，从防洪安全、供水安全、粮食安全到经济安全、生态安全、国家安全的转变，国家安全战略赋予水利更重要的内涵。

2011 年中央一号文件明确提出，要突出加强农田水利等薄弱环节建设。这一重大举措的出台有着深刻的历史背景。2004 年到 2010 年，中共中央连续发出 7 个指导"三农"工作的一号文件，全年粮食总产实现了半个世纪以来的首次"七连增"。粮食连年增产，是中央一系列"三农"政策效应的持续释放。而粮食生产和农民收入要在连续 7 年增产增收的高基础上继续前行，亟须新的动力引擎。

2011年中央一号文件指出，把农田水利作为农村基础设施建设的重点任务。这是我们党立足我国基本国情水情和经济社会发展的阶段性特征，科学把握水利发展规律，顺应时代发展趋势所做出的重大战略决策。

基础不牢，地动山摇。对于一个拥有13亿人口的大国，农业始终是我国经济社会发展的最大隐忧，而基础脆弱是农业发展的最大制约。粮食要实现可持续增产，水利基础设施是一个很大的瓶颈。文件对农田水利建设做出全面部署：做好灌区建设，完善灌排体系，健全农田水利建设新机制，加快小型农田水利重点县建设，兴建中小型水利设施，发展节水灌溉等。

水治则天下宁。江河岁岁安澜始终是亿万国人的心愿，大江大河治理一直是水利建设的重点。从过去“小水大灾”、洪水泛滥，到现在“大水小灾”、有序应对，一条条安澜的江河见证了新中国水利的辉煌成就。

治理江河，建设枢纽、堤防，矗立的不只是一个个防洪工程，也是一个个保障民生、改善民生的民心工程。经过60多年治理，大江大河洪水处置有方，基本实现了岁岁安澜。然而，洪涝灾害的必然性和突发性决定了江河治理的长期性和艰巨性，经济社会的高速发展又为水利建设提出了更高要求。

在我国，中小河流洪涝灾害损失十分严重。据统计，近年来，一般年份中小河流水灾损失，约占全国水灾损失的80%。大幅度提高中小河流防洪能力，确保人民生命财产安全的任务尤为艰巨。

占我国9万多座水库总数95%的小型水库许多都是“带病”运行。点多面广的小型病险水库，仍然是威胁下游群众的定时“炸弹”，加快病险水库除险加固刻不容缓。

2011年中央一号文件提出，继续实施大江大河治理，不断完善防洪抗旱减灾工程体系，提高应对水旱灾害的能力，努力解除洪涝灾害这一中华民族的心腹之患。

长期以来，我国经济增长付出的资源环境代价过大，在水资源、水环境领域尤为突出，不少地方水资源开发已超出承载能力。发达国家200多年工业化过程中分阶段出现的资源与环境问题，现阶段在我国集中显现出来。发达国家在经济高度发达后花几十年解决的水问题，我国必须在较短的时间内加以解决。

2011 年中央一号文件强调，到 2020 年，全国年用水总量力争控制在 6700 亿立方米以内，万元国内生产总值和万元工业增加值用水量明显降低，农田灌溉水有效利用灌溉系数提高到 0.55 以上。而要实现这些目标，特别是在“十二五”期间要实现水利发展的阶段性指标——全国洪涝灾害年均直接经济损失占同期 GDP 的比重降低到 0.7% 以下；全国新增供水能力 400 亿立方米左右，全国干旱灾害年均直接经济损失占同期 GDP 的比重降低到 1.1% 以下；净增农田有效灌溉面积 4000 万亩，新增高效节水灌溉面积 5000 万亩；全国万元 GDP 用水量降低到 140 立方米以下，万元工业增加值用水量降到 80 立方米以下，农业灌溉水有效利用系数提高到 0.53；全国重要江河湖库水功能区主要水质指标达标率提高到 60%。

2011 年中央一号文件要求实行最严格的水资源管理制度，并确立了水资源开发利用控制、用水效率控制、水功能区限制纳污“三条红线”，就是要全社会像重视 18 亿亩耕地一样，重视水资源保护和管理。

2011 年中央一号文件还制定和出台了一系列支持水利的新政策新举措，涉及财政、投资、金融、税收、土地、价格、政绩考核等各个领域。提出水利投入机制上要有新突破，要求建立水利投入稳定增长机制，进一步提高水利建设资金在国家固定资产投资中的比重，大幅度增加中央和地方财政专项水利资金，从土地出让收益中提取 10% 用于农田水利建设，进一步完善水利建设基金，加强对水利建设的金融支持，多渠道筹集资金，力争今后 10 年全社会水利年平均投入比 2010 年高出一倍。

在水利发展体制机制上明确提出，坚持改革创新，加快水利重点领域和关键环节改革攻坚，破解制约水利发展的体制机制障碍。要完善水资源管理体制，健全水利工程良性运行机制，健全基层水利服务体系，积极推进水价改革。坚定不移深化水利改革，不断创新体制机制等。

在中央一号文件《中共中央国务院关于加快水利改革发展的决定》出台半年多后的 2011 年 7 月 8 日至 9 日，中共中央召开水利工作会议，胡锦涛、吴邦国、温家宝等 8 位政治局常委出席。此次会议第一次把治水放到了治国的高度，并且制定了一揽子的防灾减灾、合理配置水资源的 10 年目标。如此高规格的治水会议是新中国成立62年来的第一次，这向全世界昭示了中国又一轮大规模治水的前所未有的决心。

时任中共中央总书记胡锦涛在会议上指出，兴水利，除水害，历来是治国安邦的大事。几十年来，我们党领导人民开展了气壮山河的水利建设，取得了前所未有的治水兴水成就。新形势下，我国经济社会发展和人民生活改善对水提出了新的要求，发展和水资源的矛盾更加突出，水对经济安全、生态安全、国家安全的影响更加突出。要把水利作为国家基础设施建设的优先领域，把农田水利建设作为农村基础设施建设的重点任务，把严格水资源管理作为加快转变经济发展方式的战略举措，注重科学治水、依法治水，突出加强薄弱环节建设，大力发展民生水利，不断深化水利改革，加快建设节水型社会，促进水利可持续发展，努力走出一条中国特色水利现代化道路。加快水利改革发展的主要目标是，力争通过5年到10年努力，从根本上扭转水利建设明显滞后局面。到2020年，基本建成防洪抗旱减灾体系、水资源合理配置和高效利用体系、水资源保护和河湖健康保障体系、有利于水利科学发展的体制机制和制度体系。

面对我国特殊的基本水情，这个有史以来最高规格的治水会议阐述了新形势下水利的重要地位，对事关经济社会发展全局的重大水利问题进行了全面部署，动员全党全社会掀起大兴水利的热潮。

从这次高规格的治水会议可以看出，随着工业化、城镇化的深入发展，全球气候变化影响加大，中国水利面临的形势更趋严峻，增强防灾减灾能力要求越来越迫切，强化水资源节约保护工作越来越繁重，加快扭转农业主要“靠天吃饭”局面任务越来越艰巨。中国将把水资源同粮食、石油一起作为国家的重要战略资源，从支撑经济社会可持续发展的战略高度把水利放在更为突出的位置。

2011年中央一号文件和中央水利工作会议，把水利作为国家基础设施建设的优先领域，把农田水利作为农村基础设施建设的重点任务，把严格水资源管理作为加快转变经济发展方式的战略举措，明确了水利改革发展的指导思想。

按照水利部部署，“十二五”时期，我国将以加强水利薄弱环节建设、强化水利基础设施体系为重点任务，以落实最严格的水资源管理制度、全面建设节水型社会为战略举措，以深化重点领域和关键环节改革、创新水利科学发展体制机制为重要保障，确保防洪安全、供水安全、粮食安全和生态安全，努力走出一条中国特色水利现代化道路，为全面建成小康社会和促进经济持续健康发展提供坚实的水利保障。

4. 新时期的治水行动指南

2013 年 2 月 3 日，腊月二十三，农历小年，蛇年春节的气息弥漫在神州大地，一派喜庆祥和。

“瘠苦甲于天下”的甘肃定西、临夏，山大沟深，道路陡峭，习近平总书记绕过九曲十八弯，来到海拔 2400 多米的定西市渭源县元古堆村和海拔 1900 多米的临夏回族自治州东乡族自治县布楞沟村，入户看望老党员和困难群众。

3 日上午，他专程来到渭源县引洮供水工程工地，实地考察工程建设情况。了解到一期工程总干渠 18 座隧洞已贯通 17 座、1 号至 6 号隧洞具备通水条件，他很高兴地说：“引洮工程是造福甘肃中部干旱贫困地区的一项民生工程，工程建成后可解决甘肃六分之一人口长期饮水困难问题，工程的建设具有非常重大的意义。‘行百里者半九十’，虽然看起来总干渠只剩下这么一段就可以实现全线通水，但决不能轻视它，要认真研究施工方案。不过也不难，我在上海工作的时候，黄浦江的过江隧道那么难都通过了，这里应该没有什么大的问题。”

指着漫坝河沿岸的群山，习近平总书记又语重心长地说：“甘肃大部分地都是干旱地，靠引洮工程建一个商品粮基地是没有可能的，关键是要用好水资源，解决好生活用水问题。北方缺水，要认真研究节水灌溉技术，不能搞大水漫灌，把有限的水资源用到最需要的地方。”

临别前，习近平总书记叮嘱当地和随行的有关国家部委负责同志说：“民生为上、治水为要，要尊重科学、审慎决策、精心施工，把这项惠及甘肃几百万人民群众的圆梦工程、民生工程切实搞好，让老百姓早日喝上干净甘甜的洮河水。”

“民生为上，治水为要”体现了新一届党中央执政为民的情怀和对水利工作的高度重视。

2012 年 11 月召开的党的十八大，首次把“美丽中国”作为生态文明建设的宏伟目标，把生态文明建设摆上了中国特色社会主义五位一体总体布局的战略位置。

习近平总书记强调：“生态兴则文明兴，生态衰则文明衰。”他指出，人类追求发展的需求和地球资源的有限供给，是一对永恒的矛盾。我们必须解决好“天育物有时，地生财有限，而人之欲无极”的矛盾。要达到“一松一竹真朋友，山鸟山花好兄弟”的意境。

放眼人类文明，审视当代中国，习近平总书记的思考深邃而迫切——中华文明已延续了 5000 多年，能不能再延续 5000 直至实现永续发展？大力建设生态文明，彰显了习近平总书记对人类文明发展经验教训的历史总结，对人类发展意义的深邃思考。

2013 年 9 月 7 日，习近平总书记在哈萨克斯坦纳扎尔巴耶夫大学发表题为《弘扬人民友谊　共创美好未来》的重要演讲，演讲结束时，在回答学生们关于环境保护的问题时强调，中国要实现工业化、城镇化、信息化、农业现代化，必须走出一条新的发展道路。中国明确把生态环境保护摆在更加突出的位置。我们既要绿水青山，也要金山银山。宁要绿水青山，不要金山银山，而且绿水青山就是金山银山。我们绝不能以牺牲生态环境为代价换取经济的一时发展。我们提出了建设生态文明、建设美丽中国的战略任务，给子孙留下天蓝、地绿、水净的美好家园。

既要金山银山，也要绿水青山，绿水青山就是金山银山，这是发展理念和方式的深刻转变，也是执政理念和方式的深刻变革，引领着中国发展迈向新境界。

2013 年 11 月，习近平总书记在党的十八届三中全会上作关于《中共中央关于全面深化改革若干重大问题的决定》的说明时指出：“我们要认识到，山水林田湖是一个生命共同体，人的命脉在田，田的命脉在水，水的命脉在山，山的命脉在土，土的命脉在树。”他生动地把人、田、水、山、土、树等因素有机地联系起来，这是从我国的地形、地貌、水文、气候、植被、农作等实际情况出发，对生态文明提出的一种全新的认知与创见。

在另一次重要会议上，他进一步指出：“如果破坏了山、砍光了林，也就破坏了水，山就变成了秃山，水就变成了洪水，泥沙俱下，地就变成了没有养分的不毛之地，水土流失、沟壑纵横。”

针对严峻形势，习近平总书记一语中的：水稀缺，“一个重要原因是涵养水源的生态空间大面积减少，盛水的‘盆’越来越小，降水存不下、留不住”。

他要求采取综合治理的方法，把生态文明建设融入经济建设、政治建设、文化建设、社会建设的各方面与全过程，作为一个复杂的系统工程来操作，加快建立生态文明制度，健全国土空间开发、资源节约利用、生态环境保护的体制机制，推动形成人与自然和谐发展的现代化建设新格局。

“原油可以进口，世界石油资源用光后还有替代能源顶上，但水没有了，到哪儿去进口？”2014年3月14日，中央财经领导小组第五次会议上，习近平总书记提出的问题振聋发聩。他指出，治水的问题，过去我们系统研究不够，“今天就是专门研究从全局角度寻求新的治理之道，不是头疼医头、脚疼医脚”。

就是在这次会议上，习近平总书记明确指出，党的十八大和十八届三中全会提出了一系列生态文明建设和生态文明制度建设的新理念、新思路、新举措。保障水安全，必须在指导思想上坚定不移贯彻这些精神和要求，坚持“节水优先、空间均衡、系统治理、两手发力”的思路，实现治水思路的转变。

简短的16个字，深刻回答了我国水治理中的重大理论和现实问题，这就是新时期治水工作的顶层设计，也是行动指南。

中央财经领导小组是中央政府经济决策部门，负责经济政策的顶层设计和综合协调。其成员由分管经济工作的中共中央政治局成员、国务院领导成员和部分综合经济管理机构的领导成员组成。中央财经工作领导小组下设办公室，即中共中央财经工作领导小组办公室，简称中财办，是中国经济决策的最核心部门。

自改革开放以来，最高行政机关国务院负责具体的经济工作，中央财经领导小组则“隐居幕后”，少有人知。自 2014 年中央财经领导小组会议步入公众视野以来，每一次会议的召开，国家领导人都规划统筹下一步经济转型发展方向。自 2012 年 11 月党的十八大召开以来，中央财经领导小组平均一个季度召开一次会议，梳理资料可以发现，中央财经领导小组主要研究了能源安全战略、实施创新驱动发展战略、推进“一带一路”建设等改革领域。

在这次会议上，习近平总书记指出：“水资源时空分布极不均匀、水旱灾害频发，自古以来是我国基本国情。我国独特的地理条件和农耕文明决定了治水对中华民族生存发展和国家统一兴盛至关重要。”“随着我国经济社会不断发展，水安全中的老问题仍有待解决，新问题越来越突出、越来越紧迫。”

水安全通常是指水资源的自然循环过程不受破坏或严重威胁，其水质水量能够满足国民经济和社会可持续发展需要，同时国家利益不因洪涝灾害、干旱缺水、水质污染等造成严重损失的状态。体现了水资源与国民经济和社会的紧密联系，关系到社会经济发展和国家利益的大局，是一种可持续发展理念的安全观。水安全状况与经济社会和人类生态系统的可持续发展紧密相关。

面对复杂的国情水情，习近平总书记强调：“面对水安全的严峻形势，必须树立人口经济与资源环境相均衡的原则，加强需求管理，把水资源、水生态、水环境承载能力作为刚性约束，贯彻落实到改革发展稳定各项工作中。”“山水林田湖是一个生命共同体，治水要统筹自然生态的各个要素，要用系统论的思想方法看问题，统筹治水和治山、治水和治林、治水和治田等。”“水安全是涉及国家长治久安的大事，全党要大力增强水忧患意识、水危机意识，从全面建成小康社会、实现中华民族永续发展的战略高度，重视解决好水安全问题。”“保障水安全，无论是系统修复生态、扩大生态空间，还是节约用水、治理水污染等，都要充分发挥市场和政府的作用，分清政府该干什么，哪些事情可以依靠市场机制。”“要善用系统思维统筹水的全过程治理，分清主次、因果关系，当前的关键环节是节水，在观念、意识、措施等各方面都要把节水放在优先位置。”

2015 年 2 月 10 日，习近平总书记主持召开中央财经领导小组第九次会议，再次强调，保障水安全，关键要转变治水思路，按照“节水优先、空间均衡、系统治理、两手发力”的方针治水，统筹做好水灾害防治、水资源节约、水生态保护修复、水环境治理。

节水优先，就是倡导全社会节约每一滴水，营造亲水惜水节水的良好氛围，努力以最小的水资源消耗获取最大的经济、社会、生态效益。

空间均衡，就是坚持量水而行、因水制宜，以水定城、以水定产，从生态文明建设的高度审视人口、经济与资源环境的关系，强化水资源环境刚性约束。

系统治理，就是统筹自然生态各种要素，把治水与治山、治林、治田有机结合起来，协调解决水资源问题。

两手发力，就是政府和市场协同发挥作用，既使市场在水资源配置中发挥好作用，也要更好发挥政府在保障水安全方面的统筹规划、政策引导、制度保障作用。

水利部明确提出，国家水安全保障体系以保障水资源可持续利用为核心，全面推进节水型社会建设；以加快重大水利工程建设为契机，进一步完善现代水利设施体系；以解决农村饮水安全问题为重点，着力提高水利泽惠民生的程度；以加强农田水利建设为支撑，不断夯实保障粮食安全水利基础；以实施最严格水资源管理制度为抓手，统筹推进水生态文明建设。

积极践行并着力落实新时期治水思路，加快构建中国特色水安全保障体系要从六个方面着手：

——牢固树立节水和洁水观念，切实把节水贯穿于经济社会发展和群众生产生活全过程，全面建设节水型社会，着力提高水资源利用效率和效益。

——坚持以水定需、量水而行、因水制宜，强化“三条红线”管理，全面落实最严格水资源管理制度。

——牢固树立尊重自然、顺应自然、保护自然的生态文明理念，加强水源涵养和生态修复，着力推进水生态文明建设，着力打造山青水秀、河畅湖美的美好家园。强化地下水保护，逐步实现地下水采补平衡，加强水土保持生态建设，推进重点区域水土流失治理，推进城乡水环境治理，促进新型城镇化和美丽乡村建设，强化河湖水域保护，有序推动河湖休养生息。

——构建布局合理、生态良好，引排得当、循环通畅，蓄泄兼筹、丰枯调剂，多源互补、调控自如的江河湖库水系连通体系，增强水资源水环境承载能力。

——集中力量有序推进一批全局性、战略性节水供水重大水利工程，为经济社会持续健康发展提供坚实后盾。

——进一步深化改革创新，着力构建系统完备、科学规范、运行有效的水治理制度体系。

水利中国就是治水如治国的生命框架，在这个前提下完成中国的治水大业，功在当代，利在千秋。

大国治水，就是让我们的子孙后代不再遭受波涛汹涌的水害，不再面对干涸难熬的旱灾，不再为有河皆污的状况困扰。

美丽中国，就是给我们的子孙留下天蓝、地绿、水净的美好家园，赢得永续发展的美好未来。

第三章
中国人的饭碗要装中国粮

1. 大兴农田水利夯实基础

民以食为天，食以水为先。

粮食安全关系人类生存和经济社会发展，始终是全球共同关注的重大问题。

2012 年 8 月 27 日，第 22 届“世界水周”论坛在瑞典首都斯德哥尔摩开幕，来自世界各地的两千多名与会者围绕“世界水与粮食安全”这一主题，讨论水与粮食问题。会议新闻公报中指出，目前全球有超过 9 亿人遭受饥荒，有约 20 亿人面临严重营养不良的危险。与此同时，却有超过三分之一的粮食被丢弃、浪费。预计到 21 世纪中叶，全球对粮食和纤维素的需求将增加 70%，如果不合理利用粮食和水资源，人们将面临严重的粮食与水安全危机。

2012 年是历史上中国粮食进口量最多的一年。据海关统计数据显示，2012 年，中国粮食进口超过了 7000 万吨，其中玉米进口增长 197% 至 520 万吨，小麦进口增长 195% 至 369 万吨，稻米进口增长 305% 至 234 万吨。2012 年，玉米及稻米进口创记录，小麦进口则创 8 年来新高。2012 年，中国粮食的自给率约为 89.4%，已经低于 95% 以上的政策“红线”。

2013 年中央农村工作会议强调，我国是个人口众多的大国，解决好吃饭问题始终是治国理政的头等大事。要坚持以我为主，立足国内、确保产能、适度进口、科技支撑的国家粮食安全战略。中国人的饭碗任何时候都要牢牢端在自己手上。我们的饭碗应该主要装中国粮，一个国家只有立足粮食基本自给，才能掌握粮食安全主动权，进而才能掌控经济社会发展这个大局。

解决靠天吃饭问题，保障国家粮食安全，根本的一条是大兴农田水利。要下决心补上农田水利方面的欠账，既要重视大型水利工程这样的“大动脉”，也要重视田间地头的“毛细血管”，解决好农田灌溉“最后一公里”问题。

农谚说，“有收无收在于水，收多收少在于肥”。中科院的研究表明，在影响粮食产量的诸要素中，水利的贡献率达40%以上。

从汉武帝提出“农，天下之本也，泉流灌浸，所以育五谷也”的兴修水利思想，到毛泽东提出“水利是农业的命脉，我们也应予以极大的注意”的号召，农耕文明一直是维系中国经济社会发展的支撑。将水利比喻成农业的命脉，既恰当又准确。如果土地是农业的一块块肌体，那么河流、沟渠正是输送营养的血脉。

新中国成立后，特别是改革开放以来，党和国家领导人民开展了大规模水利建设，治理江河、修建水库、开挖沟渠，建成了以水利为重点的农业基础设施体系，建成了红旗渠等一大批农田水利工程，全国共修建水库9万多座，新建人工河道近100条，开挖沟渠超过300万公里，新建万亩以上的灌溉区5000多处，建成了都江堰灌区、河套灌区、淠史杭灌区等千万亩灌区，并基本上解决了大江大河的洪涝灾害问题。这是中国历史上从来没有的伟大成就，如同红旗渠一样，不仅给后人留下了可以浇灌几十万亩田园的水利工程，更重要的是留下了宝贵的精神财富。

但是随着工业化、城镇化快速发展，保障粮食等农产品供求平衡的任务十分艰巨。尽管我国粮食生产实现连续多年增产增收，但保障粮食安全的基础并不牢固，耕地减少、水资源短缺等资源约束日益突出，气候变化和自然灾害对农业生产的不利影响明显加剧，特别是农田水利建设滞后问题亟待解决。

——全国仍有近半数的耕地是“望天田”，现有灌溉排水设施大多建于20世纪50年代至70年代，普遍存在标准低、配套差、老化失修、效益衰减等问题，农田灌排“最后一公里”问题日益突出。

——计划经济时代，在兴修农田水利和防汛抗旱中发挥重要作用的农村义务工和劳动积累工“两工”取消后，农民的投工投劳受到了很大的影响。农民投劳工日由最高时的年均130亿个减少到年均30亿个左右，净减了100亿个工日，一个工日按30元算，一年等于减少了3000亿元的农田水利投入。尽管中央财政和地方财政逐步加大投入力度，仍难以弥补资金缺口。

——随着改革开放的不断深化，农村社会结构、农业发展方式和经营形式正在发生重大变化，农村大量青壮劳动力外出务工，留守的多是妇女、儿童、老人，组织发动群众兴修水利十分困难。同时，农民收入结构发生显著变化，非农收入比重明显上升，农业效益比较低，一些地方农民参与兴修水利的积极性不高，农田水利投入政策、组织方式、管理模式都面临新的挑战。

——我国农业节水发展相对滞后，一些地方还存在大水漫灌现象，水资源不足与灌溉用水浪费并存，与加快建设资源节约型、环境友好型社会以及转变农业发展方式的要求差距较大。我国农田灌溉水有效利用系数远低于0.7—0.8的世界先进水平，水分生产率（单位用水的粮食产量）不足2.4斤/立方米，而世界先进水平为4斤/立方米左右。

——大中型灌区、泵站等工程管理体制改革公益性人员基本支出和维修养护经费尚未落实到位。小型农田水利工程产权制度改革滞后，存在产权不清楚、管护主体不明确、责任不落实和经费无渠道等问题。农业水价综合改革推进困难，水费实际收取率较低，影响工程正常运行维护。一些乡镇水利站被撤并，抗旱服务队、水利科技推广队伍、灌溉试验站等专业服务组织建设相对滞后，农民用水合作组织缺乏必要扶持……

从2004年开始，农田水利建设再次得到中央的高度重视。2004年到2010年，中共中央连续发出7个指导“三农”工作的一号文件，2004年中央一号文件提出：各地要从实际出发，因地制宜地开展雨水集蓄、河渠整治、牧区水利、小流域治理、改水改厕和秸秆气化等各种小型设施建设。

2005年一号文件提出，针对当前农田水利设施薄弱、亟待加强的状况，从2005年起，要在继续搞好大中型农田水利基础设施建设的同时，不断加大对小型农田水利基础设施建设的投入力度。同时，提出“加强农田水利和生态建设，提高农业抗御自然灾害的能力”，要求加快实施以节水改造为中心的大型灌区续建配套，狠抓小型农田水利建设，坚持不懈搞好生态重点工程建设。

农田水利建设得到中央的高度重视，到2010年，全国粮食总产实现了半个世纪以来的首次“七连增”。粮食连年增产，是中央一系列“三农”政策效应的持续释放。而粮食生产和农民收入要在连续7年增产增收的高基础上继续前行，亟须新的动力引擎。

2011年中央一号文件《中共中央　国务院关于加快水利改革发展的决定》更是深刻认识到：近年来我国频繁发生的严重水旱灾害，造成重大生命财产损失，暴露出农田水利等基础设施十分薄弱，必须大力加强水利建设。中央水利工作会议明确提出水利是现代农业建设不可或缺的首要条件，要求把农田水利作为农村基础设施建设的重点任务，制定了从土地出让收益中提取10%用于农田水利建设等一系列政策举措。

在2011年中央一号文件的一系列强力政策推动下，全国上下再次掀起大兴农田水利的高潮。

“十二五”期间，通过加快实施大中型灌区配套改造与建设，对344处大型灌区进行了续建配套与节水改造，纳入规划的434处大型灌区，有291处完成原规划中央投资计划。尼尔基、黑龙江三江平原、青海湟水北干渠扶贫灌溉等一批新灌区加快建设。

以县为单元，集中连片、整体推进农田水利设施建设，小型农田水利重点县建设达到6批2450个县次，基本覆盖主要农牧业县，并向易旱山丘区、集中连片贫困区倾斜，全面实施灌区田间终端设施配套、“五小水利”工程、山丘区集雨节灌、河塘清淤整治等工程建设，新建、改造小型水源工程70多万处，新建、维修渠道46万公里，逐步形成了大中小微并举的农田水利工程体系，有力促进了农田灌溉“最后一公里”问题的解决。

持之以恒开展冬春农田水利建设。国务院每年召开电视电话会议对全国冬春农田水利基本建设进行动员部署。各地、各部门主动适应“四化同步发展”和全面深化农村改革的形势，坚持山水田林湖路村综合治理，不断加大政策扶持、资金支持和改革创新力度，推动全国冬春农田水利基本建设持续呈现恢复性增长的良好态势。“十二五”期间，全国冬春农田水利建设投资、投工投劳、投放机械、土石方均超额完成计划任务，并逐年提高，质量效益同比也大幅提升。据统计，2011—2015 年，全国农田水利基本建设完成投资 1. 6 万亿元、投劳工日 182 亿个、投放机械 14. 64 亿台（套）和完成土石方 539 亿立方米，分别是“十一五”期间的 3. 3 倍、1. 3 倍、3. 7 倍和 1. 9 倍。

顶层设计给力，中央统筹资金不断加大，各地积极探索财政计提土地出让农田水利资金，下大力气补短板，农田水利实现恢复性增长。2011 年至 2014 年，农田水利中央投资 1379 亿元，年均投资规模是“十一五”的 3. 76 倍。中央投入“四两拨千斤”，2014 年全国农田水利投入创历史新高，达到 2000 多亿元。

资金投入有新增长。在加大中央和省级财政支持力度、强化规划统筹的同时，通过完善以奖代补、先建后补、民办公助、财政贴息、金融支持、水价改革及税收优惠等政策措施，吸引社会资本投入。水利部印发了《关于鼓励和引导民间资本参与农田水利建设实施细则》，吸引农民、农民用水合作组织、新型农业经营主体等投入农田水利，探索建立引入社会资本和市场主体解决农田水利建设与管理难题。2014 年下半年，水利部将云南陆良恨虎坝灌区作为试点，系统建立了初始水权分配、水价改革、吸引社会资本、节水激励约束、用水合作社、工程良性运转、减排监控等机制，成功引入社会资本参与农田水利工程投资、建设、管护和运营，打破了传统农田水利政府大包大揽的做法，让政府和市场两手发力，实现了群众增收、生产生活便利，企业增效、发展前景良好，政府节水、工程良性运行等三方共赢的良好局面。

投入真金白银，农田水利建设高潮迭起。秋收正忙，在安徽省六安市，新一轮冬春农田水利建设已经掀起高潮，病险水库加固、干渠清淤整治、塘坝开挖扩建、泵站更新改造等兴修水利现场随处可见。

广西壮族自治区连续三年，每年冬春水利建设之前下发一个文件，就是从自治区的四大班子，每个人都深入各个地县，包点包片，地县的四大班子深入县区，县区的深入乡镇，乡镇的深入村组，每年都有很多干部下到基层，用一个星期甚至更长的时间和群众共同参与农田水利建设。2013 年冬至 2014 年春，广西仅通过这项措施就投入了 8000 多万个工日，实现了农田水利建设投工投劳的恢复性增长。

荆楚大地上，清淤、挖堰、通渠，湖北全省农村水利建设热火朝天。借冬修水利的有利时机，湖北省在全省开展“万名干部进万村挖万塘”活动，组织省市县三级10万多名干部组成8550个工作组，深入到全省2.6万个行政村，以此带动其他塘堰及小型水利设施的整治和建设。全省整修小水窖、小水池、小塘坝、小泵站、小水渠等“五小水利”工程近30万处，让每个村民小组都有一口当家塘堰。

作为农业大省、水利大省，湖北省还以塘堰整治、沟渠清淤为建设重点，持续开展小型农田水利建设。湖北省随县厉山镇灯塔、联群村地处封江水库灌区尾水，由于渠道年久淤积，部分农田只能采取泵提、车驮取水下秧。国家小农水重点县工程实施后，完成了末级两级渠系的硬化工程，减少了水的渗透率，尤其在2013年百年不遇的大旱之年，依然取得了丰收。农民深有感触地说：“以前下秧等雨，吃饭靠天，现在只靠小农水工程就行了！”

农田水利建设最需要广大农民群众的参与，最大的难点也是农民难以组织。如何调动农民积极性？湖南宁乡县委、县政府紧紧抓住防汛抗旱救灾的关键时点，引导群众一起直面问题、认识灾情、寻求对策。经过细致的思想工作和科学有效的政策措施，真正实现了由“要我修水利”向“我要修水利”转变，形成了“乡乡有典型、村村有项目、组组有行动、户户有投工”的农田水利建设大会战格局。

两湖熟，天下足。在晚稻主产区湖南省汨罗市，一条条经过防渗衬砌的田间渠道纵横交织，连接成网，汩汩清泉浇灌着绿油油的稻田。当地村民坦言，过去遇上今年的旱情，一亩地恐怕只有400—500斤的产量，然而今年天干田不干，早稻亩产900斤，晚稻至少能有1100斤，都有因为这两年实施了小农水项目，大力整修塘坝，维修渠道，疏通“血管”带来的好处。

一座座塘坝清淤加固，一条条渠道伸入田间，农田水利打通了“经脉”，滋润了广袤的希望田野。

截至2015年，全国建成各类水库9.8万余座、大中型灌区7700多处、小型农田水利工程2000多万处，灌溉面积达9.7亿亩，其中节水灌溉工程面积达到4亿亩。“十二五”期间，全国新增农田有效灌溉面积7500万亩，改善灌溉面积2.8亿亩，净增高效节水灌溉面积1.2亿亩，新增粮食综合生产能力约500亿公斤，形成年节水能力150亿立方米，农田灌溉水有效利用系数由2010年的0.50提高到2015年的0.532。

金色的十月，金色的穗头，金色的玉米。金秋时节，行走在硕果累累的大江南北，神州大地满眼都是一幅金色的丰收画卷。一台台联合收割机来往穿梭，大路上运粮的车子堆满了稻米袋，农民们流着汗水的脸上洋溢着丰收的喜悦。

2000年以来，我国在农业灌溉用水总量保持零增长的前提下，净增有效灌溉面积1.3亿亩。在占耕地面积52%的灌溉农田上，生产了占全国总量约75%的粮食和90%以上的经济作物，为保障国家粮食安全、促进农业农村持续健康发展做出了重大贡献。我国用不到世界1/10的耕地生产了世界1/4的粮食，养活了占世界近1/5的人口。中国的粮食生产为全世界粮食安全做出了重要贡献。

农业部的一份数据表明，自2004年以来，我国粮食已连续11年增产，2014年达到12142亿斤。新中国成立之初，我国粮食产量是2000多亿斤。1978年的改革开放之初达到6000亿斤，2007年站稳10000亿斤台阶。“十二五”期间粮食产量连续5年超过11000亿斤，连续3年超过12000亿斤，连跨两个千亿斤台阶。

这些沉甸甸的数字是由大江南北稻田里浪涛似攒动的穗头，长城内外肥沃的土地下硕大的土豆，平原山村打谷场上金山样的玉米，各民族农家院里满仓的小麦，颗颗粒粒堆积而成。

这些沉甸甸的数字凝聚着亿万中国农民的辛勤汗水，得益于党和政府惠农好政策的大力扶持，也归功于蓬勃发展的农田水利建设。

丰收的背后，我们看到的是科学发展的农田水利设施保障着华夏大地旱涝保收，我们看到的是大兴水利的实践成果守护着国家粮食安全的根基。

2016年召开的全国水利厅局长对“十三五”期间的农田水利建设工作做出部署，提出通过5年努力，到2020年农村水利基础设施条件明显改善，基本完成大型灌区、重点中型灌区续建配套和节水改造规划任务。全国农田有效灌溉面积达到10亿亩，节水灌溉工程面积达到7亿亩左右。

相信在不久的将来，随着一大批大型灌区的改造建设，新的农田水利建设投入机制形成，高效节水灌溉等一项项有效措施的实施，我国的粮食根基将更加稳固，岁稔年丰的喜人画卷将绘满神州。

2. 节水增粮的国家行动

广袤的东北平原被誉为“中华大粮仓”，稻田连成片，玉米排成行，土豆个头大，大豆闪金黄。这一派丰收年景背后，是高效又节水的水利措施发挥的巨大作用。

大型收获机穿梭而过，一串串个大形匀的马铃薯被翻出土，密密匝匝地铺满了整个地块。在黑龙江省齐齐哈尔市克山县双河乡的薯田里，准备将马铃薯运往辽宁、河北、山东、陕西等地的车辆，已在地头排成长龙。远处几台指针式大型喷灌设备格外引人注目。克山县位于黑龙江省西部，属于典型的旱作区，在年初建成的大型喷灌重点示范园区里，6 套时针式大型喷灌设备的有效灌溉面积达到 2122 亩，改变了已往“靠天吃饭”的局面。种植大户孙立涛指着田中间喷灌设备 300 米长的臂膀说，今年增产它们可帮了大忙。克山县今年春旱比较严重，有了大型喷灌设备灌溉，这里每亩土豆的产量达到 3. 7 吨，比往年增产 1. 2 吨，每亩至少增收 2400 多元。

在吉林省最大的商品水稻和绿色有机水稻生产基地松原市前郭灌区，灌区内总干渠、干渠、斗渠、农渠、排水干沟等水利设施纵横相接，延伸阡陌之中。红光农场稻田水渠旁一台监测水渠流速的仪器不停地变化数据。当地村民说，可别小瞧了这台仪器，监测水流速度、量测水量、收费计量都要靠它。庞大的灌区就是靠这种分布在各大渠系旁的量测水设施，将数据实时传到监测中心，自动调水灌溉。以前一条水渠 10 个小时不一定能引水到田头，现在不到 20 分钟就能到田头。

水到田头，增产增收。辽宁省盘锦市的大洼灌区，始建于 1933 年，跑、冒、漏水现象严重，经过多年改造，完成了末级两级渠系的硬化工程，减少了水的渗透率，灌溉速度也加快了，灌区年均增产粮食 1950 万公斤。

位于北纬 40°—42°的中国东北玉米带与同纬度的美国玉米带、乌克兰玉米带并称为世界三大黄金玉米带 。中国黄金玉米带核心区域为长春平原，具有三大独特的地理优势：年平均400—800毫米的丰沛降水、年日照近3000小时、肥沃的黑土地，造就了高品质的玉米油原料，是中国大粮仓的核心区域。

根据2011年国家公告，我国全年用水总量为6080亿立方米，农业用水为3790亿立方米，农业用水占全国用水总量的62.4%。根据生产2.4斤粮食需要耗水1立方米，也就是1吨的计算公式，农业用水3790亿立方米也就大体生产粮食9000多亿到1万亿斤的水平。

在我国，特别是北方干旱缺水地区，随着城市的不断扩张和工业的发展，城市和工业用水与农业用水的矛盾越来越尖锐。在这种情形下，为了巩固农业的基础地位，保障我国的粮食安全，如何应对农业用水资源越来越紧缺这一挑战？

面对我国人增、地减、水缺的突出矛盾，继续保持粮食稳产丰收，中国政府给出的答案是“把发展节水灌溉作为一项根本性措施来抓”。

内蒙古自治区、辽宁省、吉林省、黑龙江省等东北四省区拥有全国23.5%的耕地面积，水土光热条件较好，具有农业规模化和集约化发展优势，是我国最重要的粮食主产区之一，也是我国重要的商品粮基地，在保障国家粮食安全中具有极为重要的战略地位。

2012年，国家发改委、水利部、农业部和财政部等有关部委，联合启动了东北四省区“节水增粮行动”，计划用四年时间，总投入380亿元，在东北四省区集中连片建设3800万亩高效节水灌溉工程，将新增粮食综合生产能力200亿斤，年均增收160多亿元，项目区农田灌溉水有效利用系数达到0.80以上，工程运行管护长效机制基本建立，进一步夯实东北地区节水增粮的基础。

东北四省区节水增粮行动是中央着眼经济社会发展全局批准开展的一项重大专项行动。实施节水增粮行动，是提高粮食生产能力，保障国家粮食安全的重大战略举措；是提高水资源利用效率，解决水资源瓶颈制约的根本途径；是大力发展现代农业，加快转变农业发展方式的迫切需要；是促进区域协调发展，实现东北全面振兴的重要手段。

2012年11月，国务院办公厅印发《国家农业节水纲要（2012—2020

年)》（以下简称《纲要》），提出到2020年，基本完成大型灌区、重点中型灌区续建配套与节水改造和大中型灌排泵站更新改造，小型农田水利重点县建设基本覆盖农业大县；全国农田有效灌溉面积达到10亿亩。明确了8年工作目标：新增节水灌溉工程面积3亿亩，其中新增高效节水灌溉工程面积1.5亿亩以上；全国农业用水量基本稳定，农田灌溉水有效利用系数达到0.55以上；全国旱作节水农业技术推广面积达到5亿亩以上，高效用水技术覆盖率达到50%以上。

《纲要》还提出，要建立农业节水体系，通过优化配置农业用水，调整农业生产和用水结构，完善农业节水工程措施，推广农机、农艺和生物技术节水措施，健全农业节水管理措施等，在全国初步建立农业生产布局与水土资源条件相匹配、农业用水规模与用水效率相协调、工程措施与非工程措施相结合的农业节水体系。

到2020年，基本完成大型灌区和重点中型灌区续建配套与节水改造，优先安排粮食主产区、水资源短缺和生态环境脆弱地区的灌区续建配套与节水改造，加强末级渠系和“最后一公里”工程建设，深化灌区、泵站管理体制与运行机制改革。

以西北、华北、东北等地区为重点大力发展高效节水灌溉，到2020年，力争发展高效节水灌溉面积1.5亿亩以上，积极推行灌溉用水总量控制和定额管理，建立工程良性管理体制和运行机制。

发展旱作节水农业技术推广示范工程，到2020年，旱作节水农业技术面积达到5亿亩以上，建设旱作节水农业示范县，强化旱作节水农业技术推广服务体系建设。

建立农业节水技术创新机制，注重引进、消化和吸收国外先进节水技术，组织科研院所开展联合攻关，推广应用精准灌溉技术，逐步建立农田水利管理信息网络，促进农田水利现代化。发展山丘区“五小水利”工程。以西南地区为重点，在有一定降水条件的地区大力推进“五小水利”工程建设，实现人均占有半亩以上具有补充灌溉条件的基本农田。

在国家“节水增粮行动”实施的3年间，辽宁、吉林、黑龙江、内蒙古四省（区）项目区，掀起一个又一个农田水利建设高潮，共建成高效节水灌溉面积2554万亩。农民高兴地称“节水增粮行动”“给大地安上了自来水”。

黑龙江省黑河南部、绥化、哈尔滨西部、齐齐哈尔、大庆全部的区域保有耕地大约1亿亩左右，占全省耕地50%，但绝大部分是旱田，70%为没有灌溉设施庇护的“天收田”，多年平均降雨量在400—450毫米之间，水资源量只占全省水资源总量6%，水土资源不匹配，农业生产几乎年年受干旱影响，其粮食丰歉主要取决于雨水调和程度，是影响全省粮食高产稳产主要因素之一。巩固提高黑龙江省粮食产能，关键要在此区域旱田增产上下功夫。

国家最大的粮仓黑龙江省，按照规划，4年间该省将发展高效节水灌溉面积1500万亩，居东北四省区之首。计划总投资150亿元，其中中央财政投入60%、省级财政投入20%、市县两级投入10%、受益农户自筹10%，建设标准为每亩平均1000元。据估算，1500万亩“节水增粮行动”建设任务全部完成后，每年可增产粮食118亿斤，农民增收109亿元，比常规灌溉节水11.37亿立方米。此项行动，对于巩固和提高该省千亿斤粮食产能，加快现代化大农业发展具有重大作用。

春耕时节，在大庆市让湖区红骥农场1.5万亩现代农业示范区，3台覆膜打孔播种机正在种玉米。这种集播种、铺带、打孔、镇压、覆膜五道工序一次完成的播种机，每台由2个人操作，一天能种30多亩。

旱田除推广膜下滴灌节水技术外，发展更多的是大型喷灌和中小型微喷灌。在齐齐哈尔市富裕县，38片10万亩大田玉米装备了中心支轴式大型喷灌节水设备，4年内要发展到52万亩。繁荣乡丰年村60岁的农民周学俭，指着连片成方的田里那一台台大型喷灌节水设备说：“这家伙真好，过去用柴油浇一亩地要20块费用，现在不到2块钱，省老事啦。像今年这么严重的春旱，如果不人工坐水种，苗根本长不出来。安上喷灌就如同给大地安上了自来水，俺们老高兴啦。”在依安县、安达市、肇东市，同样的银白色大型喷灌节水设备，均匀有序地排列在片片黑土地上，在阳光照耀下蔚为壮观。

农田水利设施建设发展的缓慢，严重制约了粮食的高产、稳产。实施节水增粮行动，对于进一步挖掘粮食增产潜力，保障国家粮食安全、增加农民收入、改善生态环境具有十分重要的意义。

“节水增粮行动”，国家安排辽宁省发展高效节水灌溉面积为600万亩，分布于省内12个市的38个县区。辽宁全省6128万亩耕地中，有60%以上耕地没有灌溉设施，2/3 的有效灌溉面积还在沿用传统落后的灌溉方式。

在沈阳市沈北新区石佛寺灌区，当地推行田间节水改造，将土渠改建为水泥渠，大大提高了灌溉水有效利用率，节水增产效果显著。该灌区是沈阳市最大的电力提水灌区，承担着 3 个乡镇和 2 个农场共 12 万亩水田的灌溉任务。灌区利用中央现代农业发展专项资金实施沟渠改造，投入 5000 万元建设斗渠防渗工程 118.3 公里、农渠防渗工程 106 公里，将灌区内的土渠改造为防渗的水泥渠，并加强末级渠系建设，解决了农田灌溉"最后一公里"的问题，减少灌溉水渗漏和蒸发。实施沟渠改建工程后，灌溉水有效利用系数可达 0.55 以上，亩节约用水 200 立方米，节电 7 度。水稻能得到及时有效的灌溉，泡插、补水时间随之缩短，轮灌周期由原来 10 天缩短到 3 天，这为水稻高产、丰收提供了保证。

除了加强沟渠改建力度外，辽宁还大力推行滴灌节水工程，取代大水漫灌。实践证明，滴灌节水可达 60% 至 70% 。另外，滴灌浇水的同时还可以施肥，水肥一体，均通过塑料管道上的孔口或滴头将水肥送到作物根部，作物吸收效果好。阜新市彰武县水利局的一份报告显示，搞了滴灌工程后，农民种植的花生每亩增收 750 元，玉米每亩增收 450 元，果树每亩增收 800 元，滴灌节水项目区人均增收 1200 元左右。

跟辽宁不同，吉林根据本省实际，通过新建、改建、扩建一批大中型灌区和大中型泵站，把科学调配水源、主推膜下滴灌作为 900 万亩"节水增粮行动"项目的主攻方向。

2012 年 4 月 25 日，松原市哈达山水利枢纽主体工程建成开闸放水。该工程是吉林省增产百亿斤商品粮项目中的骨干引水工程。工程直接受益的松原灌区前郭县、乾安县、大安市龙海区 3 个灌片及 12 个子灌片耕地共 511.2 万亩，年可增粮 30 亿斤左右，项目区内 50 万农民年人均增收 3300 元。

"十二五"期间，吉林省新建、改建、扩建一批大中型灌区和大中型泵站，新增农田有效灌溉面积 1300 万亩以上，在建 5 大水利项目，可调剂水量 60 多亿立方米。主要分布于省内中西部地区的白城、松原、四平和长春的 15 个易旱县（市、区）。按照"政府推动、企业运作、农民主体、社会参与"的运作模式，全面实行统一规划、统一标准、统一采购、统一施工、统一管护。

以膜下滴灌为重点的高效节水灌溉工程建设，使当地农民真正尝到了省时省工、节水增收的甜头。吉林省乾安县开通镇红旗村农民刘义文算过一笔账：以玉米为例，采用膜下滴灌技术后，每公顷保苗 6.5 万株，比传统播种情况下增加 2 万株，由于水肥和温度条件明显改善，玉米成熟度好、品质高、含水量低，平均每公顷产量 2.5 万斤以上，比传统耕种增产 1.2 万斤，按每斤玉米 0.8 元计算，每公顷增收 9600 元。

在内蒙古科尔沁左翼中旗，农民刘国民深切感受到节水灌溉的好处。“过去大水漫灌，每亩地浇一次要 100 立方米水，现在是膜下滴灌，能省一半水。”让刘国民称奇的还不只是节水，他说，现在一打开水泵，水肥一起精准浇到庄稼根部，不仅浇地效率高了，产量也上去了，一亩玉米能增产 300 多斤。

节水灌溉不仅是增收账，也是生态账。科尔沁左翼中旗在 20 世纪 90 年代，打 30—40 米的井就够抽，现在要打 80 米。“节水增粮行动”实施两年来，全旗压井 1700 多眼，节水 1 亿立方米。

节水，倒逼农业发展方式转变。地处华北地下水漏斗区的河北，逐步以水定业，在地下水严重超采区压减冬小麦种植面积，同时，大力发展高效节水灌溉，实现“一季休耕、一季雨养”。通过调结构和农艺节水，到 2015 年压采地下水 3.59 亿立方米。

大力推进区域规模化高效节水灌溉工程建设，“十二五”期间，全国净增高效节水灌溉面积 1.2 亿亩，新增粮食综合生产能力约 500 亿公斤，形成年节水能力 150 亿立方米。东北四省区节水增粮行动已建成高效节水灌溉面积 2554 万亩，显著提高了粮食综合生产能力，并在抗御严重干旱灾害中发挥了重要作用。新疆、甘肃河西走廊、宁夏等西北干旱地区也大力发展高效节水灌溉，近几年新疆维吾尔自治区和生产建设兵团每年新增高效节水灌溉面积 400 万亩以上。

保障国家粮食安全，最根本的出路在于节水。把节水灌溉作为一项革命性的措施，让每一立方水产出最大效益。

根据《国家农业节水纲要（2012—2020 年）》，到 2020 年全国将初步建起农业节水体系，灌溉水有效利用系数达到 0.55，新增 300 多亿立方米年节水能力，这将对保障粮食安全和缓解水资源供需矛盾产生深远意义。

3. 打通农田水利“最后一公里”

河边桑园随风起舞，山上柑橘含笑点头，精养鱼池碧波荡漾。这是湖南宜都市五眼泉镇鸡头山村的一幅美丽景象。

当地村民说，以前可不是这样，堰塘、水渠没人管，里面是杂草，周围烂兮兮，下雨保不住，更别提浇地和养鱼了。现在这里除了兴修农田水利，还成立了农民用水户协会，大家坚持谁受益、谁负担的原则，自觉投工投劳维修堰塘、水库、渠道，把干水利当作自己家的事来做。农民用水户协会不但填补了农村小型农田水利工程管理主体的缺位，还担负着受益区内水量分配、水费收取、水事纠纷调解、末级渠系建设与管护等重任，有效破解了“政府管不到，集体管不好，群众管不了”的农田水利“最后一公里”难题。

我国灌溉渠道主要分干、支、斗、农、毛五级，目前主要是农田灌溉“最后一公里”问题比较突出，末级渠道不健全、不完善，所以有些水从干渠、支渠下来，到“最后一公里”的时候损失、渗漏、蒸发的很多，利用效率比较低，导致我国农业灌溉水有效利用系数一直偏低。

小型水利工程，多指为解决耕地灌溉和人畜饮水的田间灌排工程，城市人比较陌生，但每一个农民都深知它对于一片农田的意义，没有“小农水”，庄稼就无水可喝，自然就没有收成，它是农民真正的“衣食父母”。我国还有6亿农村人口，小型水利工程的重要性可见一斑，甚至可以说是托起城乡二元结构的基石。

然而，小型水利工程在造福广大农民的同时，长期存在“有人建、有人用、无人管、无人修”的老大难问题。政府建设了水利工程，后期却缺乏管护资金，工程年久失修，水道淤堵，严重影响农民的生产生活。

改革开放以来，为了减轻农民劳务负担，防止强行以资代劳，我国政府在税费改革中逐步取消了实施多年的统一规定的“两工”，即农村义务工和劳动积累工。农村义务工，主要用于防汛、义务植树、公路建设、修缮校舍等，按标准工日计算，每个农村劳动力每年应承担5—10个义务工；劳动积累工，主要用于本村的农田水利基本建设和植树造林，并主要安排在农闲时间出工。

农村“两工”取消以后，点多面广的小型农田水利工程“有人建、没人管”成为突出难题。笔者在调研时发现，各地通过小型农田水利工程产权制度改革、政府购买服务、发展农民用水合作组织等管理方式，调动社会力量参与农田水利“最后一公里”的建设和管护，解决小农水工程“政府管不到、集体管不好、群众管不了”的问题。

2012年，水利部与中央编办、财政部联合印发了《关于进一步健全完善基层水利服务体系的指导意见》，进一步强化基层水利服务机构的公益属性。要求以乡镇或小流域为单位，健全基层水利服务机构，进一步强化其公益性职能；建立完善财政对农民用水合作组织的补贴机制；支持各地成立各级抗旱服务队，引导各地通过定向补贴等方式，鼓励学校、科研单位及专业水利公司为农民提供水利专业服务，保证水利工程“建得起、管得好、长受益”。

在农业大省江西省，宁都县水利局针对水利工程建后管理方面存在的问题，在各村成立了小型水利工程管护协会，这是一个政府指导、人民做主的民间组织，由老党员、老干部、老劳模、老退伍军人、老教师等愿意发挥余热、德高望重、为人民利益着想的人群组成，由村“两委”对他们进行聘用和管理。协会有章程、工程管理制度、财务制度、奖惩制度等。人人有发言权、人人有参与义务，一时间众人拾柴火焰高，广大群众很快为协会注入了鲜活的生命力，彻底改变了从前“政府包办，难以破题”的局面。

2014年5月19日，天降暴雨，超百年一遇，突破历史极值。全国多地引发洪涝，造成城乡设施受损严重，被称为“5.19”洪灾。宁都县也未幸免。然而，在“5.19”之前就全面建立的小型水利工程管护协会在这个时候发挥了关键作用。在“5.19”洪灾中，株谭灌渠水毁严重，但在各协会的推动下，先后组织了300多人和多台大型机械上阵，开展全面疏通清淤工作，真正呈现了“有钱出钱、无钱出力”的氛围。

破解主体缺位，小农水工程产权制度改革开始破题。在贵州息烽县，一场水改如火如荼。“拿上产权证，心里踏实了。”大寨村村民杨明华，通过拍卖获得组里山塘的使用权，干起了自己的治水工程——经过疏浚扩容，让小泥塘变成了2.3亩的“大水缸”，安水泵，建水渠，“明年村里的田就都能喝我的水了”。在息烽县，通过拍卖、承包、租赁等方式，让1.4万多处小农水工程有了“主人”。

而在全国已有近800万处小型农田水利工程完成产权制度改革。安徽为全面加强小水库、小泵站、小水闸、中小灌区、塘坝、河沟、机电井、末级渠系等“八小”水利工程建设与管理，在定远、怀远、广德三个省级试点县推行“两证一书”制度，即确定产权主体，颁发工程所有权证；落实管护主体，颁发工程使用权证；明确各方责任，签订工程管护责任书，有效解决了农田水利缺管护组织、缺管理人员、缺管护经费的“三缺”难题。

让小农水轻装上阵。湖北省级财政每年拿出2亿元，落实小农水工程管护经费。山东将小农水工程统一交给用水户协会管理，财政给予补贴。湖南省级财政5年筹措50亿元，对县级农田水利建设分类奖补。

以水养水，市场之手显活力。四川泸县放开建设权、明晰所有权、搞活经营权，吸引新型经营主体参与。破解服务缺位，基层水利体系改革大刀阔斧。在江苏省太仓市双凤镇农民眼中，水利站变了。“过去只管收费，现在真搞服务。”当地农民说，过去水利站基本“不务正业”，渠道淤积没人管，水放不到田。哪像现在，啥时要水啥时放，方便又省心。

打通服务“最后一公里”，中央有关部委积极完善政策，各地创新机制。山东按流域、乡镇设水管站，对水利工程进行统一协调，大大提高用水效率；浙江整合事业资源，争取增量，盘活存量，全省增加1000多个水利员事业编制；江苏基本理顺乡镇水利站管理体制，2013年落实财政保障经费近3亿元。

红瓦、白墙、灰脚线，墙上镶嵌着“5588工程”的红色徽标，这是安徽省阜南县王化镇大湖村修葺一新的红旗灌溉站。“5588工程”是2014年安徽省人民政府出台的《关于深化改革推进小型水利工程改造提升的指导意见》做出的推进小型水利工程改造提升的重要举措，就是力争用5年时间，通过5项改革，以小水库、小泵站、小水闸、中小灌区、塘坝、河沟、机电井、末级渠系等8类小型水利工程为重点推进改造提升，使全省农田水利有效灌溉面积提高到80%以上。

王化镇是淮河北岸传统的水稻产区，一年至少有三个月要从谷河提水。原来的红旗灌溉站归村集体管，这些年外出打工的人多了，投工投劳少了，灌溉站管护难了，老站10多年前就报废了。看着清水河里流，就是到不了地头，村民们年年为水发愁。

安徽省阜南县按照“谁投资、谁所有、谁管理”的原则，对小农水工程进行确权登记，明晰产权，明确事权。6户村民合伙对红旗灌溉站更新改造，从2015年9月到12月，引河清淤、维修变压器和机泵，让红旗灌溉站重焕新生，新增灌溉面积2500亩，改善灌溉面积1500亩。

在安徽省界首市任寨乡，新修的机井蓄水充沛，灌溉管网伸向田间，出穗的麦头在风中摇曳。而在20世纪90年代初，任寨乡的200多眼机井中，破坏废弃的多达100多眼，毁损率超过一半。2013年8月，任寨乡探索改革小型水利管护机制，成立了祥雨水利合作社。依托合作社，第一条就是明晰产权，将乡里小农水工程的所有权证、使用权证和管护责任书颁发给合作社。合作社广泛发动种粮大户、技术能手加入，向他们提供抗旱机具、抗旱劳务和技术服务，微利收取服务费作为管护经费。界首市财政每年确定拨付合作社奖补资金10万元，用于合作社经费开支，解决了“有人管事、没钱干事”的难题。

农田水利是农业发展的突出短板。补齐这块短板，必须依靠深化改革，激发市场主体活力，调动农民和社会力量参与农田水利建设积极性。为此，水利部印发了《关于鼓励和引导民间资本参与农田水利建设实施细则》，吸引农民、农民用水合作组织、新型农业经营主体等投入农田水利。

2015年云南省陆良县恨虎坝灌区探索引入社会资本和市场主体解决农田水利“最后一公里”问题，试点水权分配等7项机制，以期激发市场和群众活力，改变政府大包大揽的建管模式。

试点项目区农户1050户，灌溉面积1.008万亩，主水源为807万立方米的恨虎坝水库，已建干渠10多公里。试点前无支渠等配套设施，群众拉水灌溉成本大，水库每年有350多万立方米水用不出去，大家“望水兴叹干着急”。

项目投资2712万元，新建泵站、铺设干支管道、田间管网、配套田间计量设施、用水自动化控制系统，实施微灌高效节水灌溉。其中，引入大禹节水集团公司投资452万元。为使公司与农户有效合作，村民自愿组建了用水专业合作社，参与水利工程建设管理和运营。采取“企业+合作社”的模式，企业和合作社按7∶3的比例出资组建“陆良大禹节水农业科技有限公司”，成为农田水利投资、建设、管理主体。

经水利部门测算，以前亩均拉水费用及劳力需780元左右，试点后灌溉成本亩均支出390元左右。灌溉设施配套到田间地头，还可节约劳动力，可外出务工或发展其他产业，进一步增加收入。改革也给企业带来收益。经测算，正常年景社会资本回收期7年，20年运行期公司累计可计提折旧和收益1900多万元。而通过引入企业先进的管理理念和技术，参与农田水利的管理，又解决了水利工程“一年建、两年用、三年坏，有人用、无人管”的难题。

在位于湖北省枝江市的东方年华现代农业产业园，水塘、渠道、喷灌滴灌等设施已经修好并发挥效益。其中，政府投入资金2500万元实施小农水项目和土地整理项目，已带动企业投入6500万元进行水利建设和土地整理。目前，企业已经流转了6600多亩农田、水塘和林地，近200户农户获得土地租金收入，一些农户成为产业工人。

一方面积极鼓励农业龙头企业参与水利建设和管护，另一方面，小型农田水利工程产权制度改革吸引种植大户和农民合作社参与建管。

机制一变，曾经“网破、人散”的基层水利站再获新生。截至2014年，全国基层水利站达2.9万个，基层水利服务机构实现全覆盖。组建农民用水合作组织8万多个，管理灌溉面积2.84亿亩。建成各级抗旱服务队等专业化服务队伍1.4万支，管理灌溉面积2.4亿多亩。“三驾马车”推动，基层水利服务基本实现了全覆盖，撑起农田水利基础的软实力。

农村水利设施点多面广，有效的管理体制直接关系工程效益。补起农田水利欠账，并非一日之功。

可喜的是，新时期农田水利建设的路径已渐渐清晰，通过进一步深化农田水利改革，大兴农田水利，完善机制，保障工程建得好还要管得好，保障国家粮食安全的基础就会更加牢固。

第四章
生命之上，筑牢坚不可摧的水上长城

1. 一条令世界瞩目的防汛抗洪救灾道路

北方江河刚刚解冻，南方的雨季还没有来临。一场密集的防汛检查已迅速展开，国家防总、水利部领导及各地防汛指挥部门防汛专家深入大江大河、库坝闸堰问汛备战。

无论古今，我国的水患一直非常严重，北方河流断流凌汛，南方河流凶猛泛滥，年年治理，今又治理，每到汛期就是一场人与自然的较量，每年夏天都是防汛抗旱最急切的时刻。防汛减灾，确保人民群众生命安全、财产安全，确保城市安全、保障经济社会平稳运行，无疑被提升到国家安全战略高度。

进入初夏，全国大江大河及其主要支流都处于警戒水位以下，但国家防总的汛情会商已经紧张进行，水情、雨情、汛情，一一梳理，防汛形势不容乐观的认识根植于每一名水利专家的脑海。

每年6—9月份，全国进入主汛期，国家防总的防汛会商密集举行，一个个工作组急速奔赴暴雨区、台风登陆区指导防汛抗洪、抢险救灾。

超强台风肆虐，暴雨洪水滔天。面对汛情灾情，从中央到地方高度重视，从上到下严防死守，众志成城、全力应对，最大程度减轻灾害损失……

我国水旱灾害多发、频发、重发。特别是近年来，水旱灾害又呈现新的特点。

——灾害种类多。流域性洪水、山洪、台风和凌汛等洪涝灾害及农业干旱、城市缺水等灾害频繁发生。

——影响范围广。2/3 的国土面积、90% 以上的人口受到不同程度的洪水威胁，长江、黄河、淮河、海河、珠江、辽河、松花江七大江河中下游聚集着全国 1/2 以上的人口、1/3 以上的耕地、3/4 的工农业总产值，是洪水影响最严重的地区。同时，大部分地区面临不同程度的干旱威胁。

——发生频率高。1949 年以来发生较大洪水 50 多次，发生严重干旱 20 多次，水旱灾害平均每年超过 1 次。

——死亡人数多。1949 年以来，洪涝灾害共造成 28 万多人死亡，平均每年死亡 4300 多人。近年来，死亡人数大幅度减少。

——经济损失重。水旱灾害直接经济损失占各类自然灾害总损失的 60% 以上。1991 年以来，洪涝灾害年均直接经济损失超过 1400 亿元，占同期 GDP 的 1.3% 左右；干旱灾害年均直接经济损失近 1000 亿元，占同期 GDP 的近 0.9%，严重干旱年份灾害损失占 GDP 超过 2.0%。

在党中央、国务院的坚强领导下，国家防总、水利部和地方各级党委、政府及防汛抗旱指挥部门超前部署，超常应对，科学防控 2012 年长江上游大洪水、2013 年东北三江大水、2010 年西南地区特大干旱，妥善处置了 2008 年汶川特大地震引发的唐家山堰塞湖等次生灾害和 2010 年舟曲特大山洪泥石流灾害，有效防御了 2011 年“梅花”，2013 年“菲特”“威马逊”，2015 年“苏迪罗”“杜鹃”等超强台风灾害……

防灾减灾成就显著，这是毋庸置疑的一个事实，这是新中国成立以来的一个巨变。这种巨变来之不易，它得益于党和政府的坚强领导，得益于社会主义制度的优越性，得益于广大军民团结治水，得益于大规模的水利工程建设和不断创新的科学防洪理念。

新中国成立后的 1950 年 6 月 7 日，经中央人民政府政务院批准，中央防汛总指挥部成立，此后不断发展完善，逐步建立起完备的行政首长负责制，成为新中国成立最早、迄今最为完善的防灾减灾应急管理体系。多年来，由国务院领导任总指挥，水利部等 19 个部委和解放军总参谋部（现中央军委联合参谋部）、武警总部为成员单位的国家防汛抗旱总指挥部指导全局，科学调控，汛前派出多路防汛检查组，汛情发生时第一时间派出工作组或专家组赶赴一线，指导协助地方开展防汛抗旱和灾后重建工作。视汛情、旱情、灾情发展和影响程度，及时启动应急响应，加强部门联合会商，科学调度防洪抗旱工程，及时组织人员转移和抢险救灾，以快捷有效的方法防范灾害发生，遏制险情灾情的发展蔓延。

建立健全各种防汛责任制度，形成了行政首长负责制、分级责任制、部门责任制、岗位责任制、分包责任制、技术责任制等“六位一体”的防汛责任体系，形成中央省市县四级政府防汛抗旱组织指挥体系。不断加强各类预案的演练与落实，逐步提高预案的科学性、严谨性、针对性和可操作性。持续强化应急救灾队伍建设，防汛抗旱救灾机动能力有了显著提高。目前，全国共组建了102支国家级、105支省级、299支市县级防汛机动抢险队，组建了2144个县级、11753个乡镇级抗旱服务队，组建了19支解放军抗洪抢险专业应急部队，并将武警水电部队纳入国家应急救援体系，形成了军民联防、群防群控的格局。

大规模开展水利建设，建成江河堤防近30万公里，国家蓄滞洪区98处，全面实施病险水库除险加固、中小河流治理和山洪灾害防治等防洪薄弱环节建设，防洪能力显著提升。

我国水库数量达9.8万座之多，是世界之最。但是这些水库大多建于20世纪50年代、60年代、70年代，建设的时候就先天不足，建成以后管养维护经费又不到位，后天失调，所以病险的问题非常突出，有一半左右都是病险水库。而这些病险水库大都位于城市的上游，很多既承担着城市的防洪作用，又承担着城市供水和农业灌溉的作用，一旦出事，对下游将是灭顶之灾。

从2008年开始，我国大规模开始对大中型病险水库和重点小型病险水库进行除险加固，以消除病险危害。在2008年至2011年的三年时间里，国家投入了700多亿资金，对全国的7356座大中型病险水库和东部的重点小型病险水库进行了除险加固和维修改造，到2010年底，7356座大中型和重点小型病险水库的除险加固和改造任务全部完成。从2010年开始，我国又启动了小型病险水库进行除险加固，5400座重点小（1）型、1.59万座重点小（2）

型病险水库除险加固，基本完成了2.5万余座一般小（2）型病险水库除险加固任务。通过除险加固，极大地消除了工程的安全隐患，无论是流域性的洪水还是区域性的洪水，还是局部超标准的洪水，没有一座大中型水库发生垮坝事故，极大地保障了人民群众的生命财产安全。

预警预报，是防汛抗洪救灾的“耳目”和“尖兵”，直接关系到防汛抗洪救灾及时应对和调度决策的正确性、科学性。针对我国水旱灾害发生频繁、分布广泛、危害严重的情况，近年来中国大力加强水文气象预警预报、防汛抢险队伍与抗旱服务组织建设、防汛抗旱物资储备等非工程措施，不断提高防御能力和防御水平。

目前流域面积在500平方公里以上的河流建有各类水文站4.6万多处，2.6万多名水文职工风雨无阻地坚守在水文监测一线，第一时间提供主要江河水情、雨情、汛情。随着现代科学技术的发展，遥感和卫星云图的运用，预测预报更加便捷、高效，很多水位站、雨量站实现了无人值守，自动测报。依托水文站网建立起了覆盖全国的雨情、水情、旱情监测站网以及水旱灾害预警预报、决策指挥系统，形成覆盖七大流域机构和省级水行政主管部门的计算机骨干网络和异地会商视频会议系统。一旦发生降雨，水文部门就可以依据历史数据和河流的洪水演进模型，较为准确地预报出河流洪峰形成过程，为科学调度水利工程、提前进行决策部署提供依据。

如今，在国家防总指挥中心，轻点鼠标，全国主要江河的水情、雨情、汛情、工情和各地旱情等变化即可尽收眼底。

受特殊的地理环境以及极端灾害性天气等共同影响，我国山洪灾害近几年呈现出频发重发态势，已成为我国自然灾害造成人员伤亡和经济损失的主要灾种。加强山洪灾害预警预报成为防汛抗洪减灾的新课题。

“十二五”期间，我国全面开展了山洪灾害防治项目建设，涉及全国29个省（区、市）、305个地市、2058个县、3万个乡镇、43.9万个行政村、178.4万个自然村，防治区面积463万平方公里，受益人口1.5亿人，是我国水利建设史上投资最大、建设范围最广的的非工程项目，初步建成了山洪灾害防御非工程体系。全国山洪灾害试点共开发建设县级山洪灾害监测预警平台101个，各类监测站点13032个，配置县、乡、村预警设备36556套，编制县、乡、村级山洪灾害预案11420个，建立健全了群测群防体系，发放各类宣传材料378万余套，组织培训9.7万余人，开展演练180次，基层干部群众防灾意识和能力明显增强。据不完全统计，103个试点县通过系统监测，及时预警，提前紧急转移受威胁群众93万人，避免了4.4万余人伤亡，一些试点县发生了特大暴雨洪水，与历史同级别洪水相比较，人员伤亡大大减少。

在基于精准的预测预报基础上，做好骨干水利工程的科学调度，加强水库群和梯级水库联合调度，综合采取河湖联调、湖库联调、库闸联调，是最大限度发挥水利工程“拦、分、蓄、滞、排”等功能的保障，是减少洪涝干旱灾害损失的重要手段，是我国不断夺取防汛抗旱减灾胜利的成功经验。

2010年汛期，长江防总连续向三峡集团总公司发出32道调度令，指挥其控泄拦洪。按照调度令，三峡水库开怀纳洪，水位起起落落尽在掌控。三峡大坝累计拦蓄了260多亿立方米的水量。据分析，如三峡不实行控泄，沙市水位将接近或超过保证水位，这意味着关系到江汉平原、武汉和京广铁路安全的荆江大堤将处于十分危险的状况，可能需要启用蓄滞洪区分洪。

2012年，在防御长江连续发生的洪水过程中，国家防总、长江防总调度三峡、丹江口等骨干水库，其中三峡水库拦蓄洪水200多亿立方米，降低长江干流荆江河段水位1.5—2米，缩短了超警江段240多公里，缩短了监利至螺山河段超警时间10天左右，大大减轻了中下游的防洪压力。

2013年东北大水期间，国家防总、松花江防总和有关省防指调度尼尔基、丰满、白山、察尔森等大型水库拦蓄洪水60亿立方米，将嫩江上游超50年一遇洪水削减为不足20年一遇，将第二松花江上游超20年一遇洪水削减为一般洪水。

2011年秋季，在黄河流域，黄河中游支流渭河连续3次发生超警洪水，渭河中下游干流和6条支流超警，渭河中游临潼站出现了1961年建站以来最高水位。通过科学调度黄河小浪底水库，控制下泄流量，实现黄河干流洪水与渭河、伊洛河洪水错峰。经小浪底水库、伊洛河故县和陆浑水库调蓄，黄河干流水势平稳。

通过科学调度洪水，利用水库控泄，拦蓄洪峰，确保了江河中下游防洪安全，降低了洪灾损失，减少了人员伤亡；通过科学调度水库，在旱魃发难之时，水库成为对抗旱魃的一件法宝，成功遏制了旱魃肆虐；通过科学调度水资源，一些地区水生态环境恶化的局面得以遏止，促使人与自然关系向良性互动转变。

黄河水量调度实现了黄河连续16年不断流。黑河调水让东居延海重现生机。珠江水量统一调度确保了澳门珠海供水安全。通过实施河北向北京输水、引黄济津济冀、引察济向等应急调水，确保了重要城市供水安全，改善了白洋淀和向海湿地的水生态环境。

先进的防洪理念，创新的工作思路，带来的是巨大的防洪减灾效益。“十二五”时期，防洪减灾，全国累计减淹耕地1.86亿亩，避免粮食损失5345万吨，减灾效益约4557亿元；抗旱减灾，全国累计完成抗旱浇地面积14.9亿亩，挽回粮食损失1.7亿吨、经济作物损失1621亿元。全国洪涝、干旱灾害年均损失率分别为0.36%、0.17%，低于“十二五”规划确定的0.7%、1.1%的目标。因洪灾死亡人数是新中国成立以来最少的时期。其中，2015年，因灾死亡和失踪人数400人，为新中国成立以来最少。

防汛抗洪减灾工作，把保障人民群众生命安全放在防汛工作首位，坚持以人为本，民生优先，坚持以防为主，科学防控；坚持防汛抗旱兼顾，兴利除害结合，积极践行可持续发展治水思路，从人定胜天向人水和谐转变，从控制洪水向洪水管理转变，从人水争地向注重给洪水以出路转变，中国防汛抗洪救灾工作取得了巨大效益。

在抗御自然灾害的过程中，国家防总、水利部针对气候变化的新特点、水旱灾害的新情况、防控工作的新形势、社会发展的新要求，从基本国情水情出发，科学把握新时期防汛抗旱工作的特点和规律，持续加强防灾减灾能力建设，着力健全防汛抗旱工作长效机制，进一步丰富和拓展了中国特色防汛抗旱道路。

领略风云方能统揽全局，安顿江河就是国计民生。这种具有中国特色的防灾减灾体系，在近几年一次次重大自然灾害抢险救灾和大洪水、超强台风防御中得到进一步突现，本章将对下面几个典型事例进行详细描述。

2. 世界上治理大型堰塞湖的奇迹

2008年6月10日，在一场人类同大自然、同地震、同堰塞湖、同洪水较量的战斗中捷报频传。7 时 42 分，唐家山堰塞湖洪流终于按照水利专家的设想出现了重大转折——泄流槽流量已达 497 立方米/秒，已超出入湖流量数倍。

数小时之内，唐家山堰塞湖被堵塞近一个月的洪流，顺着泄流槽滚滚而下，流量迅速呈几何级数增长。随后，流量、流速逐步回落并渐渐趋于平稳，流过北川、流过江油、流过绵阳。

15 时 15 分，被唐家山堰塞湖阻隔了整整 29 天的洪水，以排山倒海之势顺利通过了四川省第二大城市绵阳，全市百万人民安然无恙。唐家山堰塞湖抢险指挥部在洪峰顺利通过绵阳的第一时间郑重宣布：唐家山堰塞湖橙色预警信号从 15 时 15 分起解除。

这意味着汶川大地震后，被称为“第一号风险堰塞湖”的唐家山堰塞湖抢险泄洪应急处置取得了重大胜利，下游 130 余万人民群众的生命安全了。

这是一个平安的日子，这是一个胜利的日子，更是一个值得让历史铭记的日子。从这一天起，堰塞湖、唐家山这些本不被人们所熟知的名词，不再让人揪心，永远地留在历史的档案中，却在每一个国人的心中留下了深刻的记忆。

感知地震的残酷，记忆于 30 多年前的唐山大地震，让我们深深地体会到了生命的珍贵。30 多年过去了，那地震中的 20 余万亡灵，已经在我们的心头渐渐地被淡忘。然而，正当我们已然忘却那段悲伤的往事记忆，努力建设美好未来时，2008 年 5 月 12 日 14 时 28 分，那场历时只有 80 秒的浩劫，却让数十万人陷入了生死挣扎之中，让我们再次经历刻骨铭心的切肤之痛。

房倒屋塌，街道撕裂，山崩地陷。地壳深处一次里氏 8 级的剧烈弹跳，震动了大半个中国，震撼了整个地球。孩子们刚刚走进教室拿起课本，一场巨响，折断了琅琅的书声，化作废墟中撕心裂肺的呼救；繁华的街市，突然间剧烈地颤抖，杂吵的尖叫声中散落一地的惊悸与绝望；数十条公路上疾驶的车辆和行人，瞬间被一座座垮下的大山覆没，消失在黑暗之中……

刹那间，汶川，这座川西高原的羌族小城，突然间失去了声音，迷失了方向。刹那间，北川，这座山区小城夷为废墟。通口镇的几个村民刚刚从倒塌的房屋里逃出来，惊恐地发现湍急的通口河露出了河床，河水断流了。

通口河上游叫湔江，从距北川县城上游3.2公里的唐家山下静静流过。一山一河，一直鲜为人知。这座1000多米高的巍巍大山，在地震中发生了可怕的崩裂：从山顶开始，山体被削去一半，巨石与泥沙像瀑布一样狂泄而下，把原本在涪江支流湔河西岸山腰上的杨柳村和坪房村直接推过了湔河，奔流而下的湔河被阻断，水位迅速上涨。滑坡体落入河道后形成一座长803.4米、宽611.8米、体积约为2037万立方米的堆积坝体，堵塞河道形成堰塞湖。如果涨满的话，绵阳的上游，将出现一个总容积约为3.2亿立方米的巨大悬湖。它的下游就是川中著名的大河涪江，流经江油、绵阳、三台、射洪、遂宁等地，均是川中经济和人口重镇。一旦溃决，高悬的洪水将奔腾而下横扫千里，下游百余万生灵危在旦夕。

这个悬湖就是汶川大地震中面积最大、危险最大的唐家山堰塞湖。

堰塞湖，这是一个许多人都不熟悉的水利专业术语，但随着汶川大地震的发生，却成了举国关注、每一个人都关心的名词。它是由火山熔岩流，或由地震活动等原因引起山崩滑坡体等堵截河谷或河床后贮水而形成的湖泊。堰塞湖的堵塞物不是固定永远不变的，它们也会受冲刷、侵蚀而溶解、崩塌。一旦堵塞物被破坏，湖水便漫溢而出，倾泻而下，形成洪灾，极其危险。堰塞湖一旦形成威胁，必须事先以人工挖掘、爆破、拦截等方式来引流或疏通湖道，使其汇入主流流域或分散到水库，以免造成洪灾。

因为山体垮塌形成的堤坝土质松软，堰塞湖决堤的可能性很大，如果再遇到下雨，堰塞湖面积将不断扩大，导致湖中蓄积的水压过大而溃坝，将酿成极大的地震次生灾难。据历史记载，1786年的康定大地震、1933年的叠溪大地震，均发生过堰塞湖溃坝的惨剧，造成的死亡人数，数倍于地震直接死亡人数。

汶川“5·12”地震在四川灾区形成了34处堰塞湖，严重威胁了灾区70余万群众和抗震救援部队及抢险人员的安全。这34处堰塞湖主要集中在北川、绵竹和什邡等地，分布在沱江、涪江、岷江和嘉陵江水系。单个堰塞湖集雨面积范围在80至3550平方公里之间，堰塞体体积达10至2037万立方米，其地质构成多为松散堆积土石体，坝高10至120米，最大蓄水量达50万至3亿立方米。伴随着每天水位持续上涨，堰塞湖形势异常严峻，它如一颗颗随时都会引爆的炸弹，严重威胁着饱受地震重创的灾区人民的生命财产安全。

在经历了新中国成立以来最大的地震后，当幸存的人们认为这场生死浩劫已经过去时，他们万万没想到：比地震更大的洪水威胁迫在眉睫。

党中央、国务院果断决策：绝不允许堰塞湖被动溃坝，绝不允许遭受大地震劫难的百万灾区群众和十万抗震将士再次遭受洪水浩劫。国务院抗震救灾总指挥部决定由水利部、四川省和武警水电部队紧急实施对堰塞湖的排险治理。

险情就是命令，时间就是生命。迅即制定合理的应急处置方案，是摆在水利专家们面前的一道亟待攻克的难题。

5 月 15 日，国务院抗震救灾指挥部召开应急处置会议，决定由水利部、中国水电顾问集团成都勘测设计院和长江水利委员会勘察设计研究院组成专家组，制订整个唐家山的抢险方案。

18 日，水利部水文专业组紧急抽调 30 余名技术骨干，组成 10 支堰塞湖现场勘测突击队。但是，恶劣的天气阻止了直升机的降落。

19 日，水利部前方专家终于成功到达唐家山，更为精确的勘测结果表明，唐家山堰塞体最高点和最低点垂直落差最大相差 124 米，这在大型水库堆石坝中极为罕见。唐家山堰塞湖虽有大型水库的形态，却没有大型水库坝体固若金汤的本质。堰塞体由基岩挤压或解体形成的碎裂岩、残坡积碎石土和库区沉积的含泥粉细砂组成，具有一定的稳定性。但是，堰塞体右侧垭口沟槽主要由碎石土和碎裂岩构成，堰塞体内水位持续上涨过程中，首先会从右侧垭口沟槽过流，逐步淘蚀并最终导致堰塞湖溃坝。

水利部专家组根据唐家山堰塞湖溃坝的方式，经过精密测算后，得出唐家山堰塞湖直接威胁人口的数据：如果三分之一溃坝，仅绵阳市就有常住人口 14.76 万人、流动人口 1.1 万人将被洪流淹没；如果发生二分之一溃坝，绵阳市将有常住人口 91.16 万人、流动人口 29 万人的生命受到威胁；如果全面溃坝，绵阳市常住人口 99 万人、流动人口 30.99 万人将在滔天洪水中遭受浩劫。

更让人揪心的是，余震在继续，降雨在持续，水位在上涨……与此同时，随着进入主汛期，天气不确定性因素增加，降雨的概率进一步加大，集雨范围达3552平方公里的唐家山堰塞湖上游河道来水随时面临猛涨的可能，溃坝的风险会越来越大。

水利专家估算，在不考虑上游发生强降雨的前提下，预计从5月22日开始，18天至24天后，堰塞湖水位可达到堰塞体垭口低槽处，堰体将决口或者崩坝，届时高悬的洪水就会奔腾而下，以可怕的速度横扫下游一切建筑物，淹没绵阳市大半城区，泥石流、滑坡等不可控的风险也将纷至沓来。

一定要把唐家山溃坝的风险控制在三分之一内，保证人民群众无一伤亡。这是党和人民交给参加唐家山堰塞湖抢险人员的一项重大任务，为实现这一目标，水利部调集全国水利专家要赶在汛期之前确定唐家山堰塞湖抢险的各种方案。

5月25日上午，水利专家们在经过几昼夜的殚精竭虑之后，经过4个小时的集体会商终于拿出了一系列排险处置方案：紧急疏通唐家山堰塞体右岸基本连通的低洼沟槽，形成人工泄洪通道，达到降低堰塞体前水位的目的，减轻上下游洪水灾害；采取措施应急防护泄洪通道的进水口和出水口部位，以防人工泄洪通道沟冲刷下切……

排险方案虽然形成，但专家也深知，唐家山堰塞湖应急处置工程工期之急、任务之重、难度之大，在全世界范围内都十分罕见，没有先例可循，是一般水利工程不可比拟的。同时，存在的天气变化等不可预测因素，也直接为工程实施增加了无法预知的难度。

工期短。根据水文、气象条件和堰塞湖库容条件综合分析，在不考虑暴雨滑坡影响前提下，疏通工程工期最长也不能超过10天。

任务重。由于水情的不确定性决定着实际的施工工期存在不确定性。为此，在方案设计时拟定了3个不同开挖高程方案，但最低方案也要开挖5.6万多立方米的土石方。

难度大。北川县通往唐家山的道路被地震损毁，在短时间内无法打通，不具备陆路交通条件。唐家山上、下游河流被堰塞体堵塞，基本断流，上游形成的湖泊淤积物和孤石较多，水下状况不清楚，船只无法靠岸，不具备水路运输条件。因此，施工人员、设备、材料、给养等运输只能采用空运。

5月25日上午，气候条件非但没有改善，反而比前几天更加恶劣。绵阳南郊机场，武警水电官兵继续待命。雷古镇停机坪，装载机、推土机、反铲等80余台（套）大型施工设备准备就绪。两架军用直升机先后起飞，1小时后陆续折返机场……

为了与堰塞湖水位上涨抢时间、拼赛跑，为了保证下游不因漫坝溃堤造成洪水灾害，唐家山堰塞湖抢险指挥部召开紧急会议决定，在当前空运人员、设备方案暂时无法实施的情况下，武警水电部队立即组织405人的“敢死队”，从陆路出发，徒步向北川唐家山堰塞湖挺进。

26日7时，武警水电部队405名官兵，每人背负26公斤炸药和爆破器材，从任家坪集结地出发，徒步向唐家山堰塞湖坝体行进。17时，经过10个小时的艰难跋涉，官兵们终于到达了唐家山堰塞湖坝体上。这条由鲜血和忠诚开辟的小道，先后有3000人次背着数十吨炸药、帐篷和食品源源不断地运进唐家山堰塞湖坝体。

5月26日，唐家山上空终于云消雾散，迎来了一个难得的好天气。11时，世界上最大的直升机、被称为“空中巨无霸”的米-26，开始把第一台重型设备——一台13多吨重的挖掘机吊运到唐家山堰塞湖坝顶的武警水电部队施工工地，并不间断地往返于擂鼓镇与唐家山堰塞湖坝顶之间，执行大型设备的抢运任务。经空中运输、徒步行进的近600名武警水电官兵陆续到达坝体。

27日，经空运吊入的大型机械设备14台，又到达唐家山堰塞坝顶，按照水利部抗震救灾前线指挥部研究确定的唐家山堰塞湖泄洪槽下挖10米、开挖10万立方米的开挖方案和挖爆结合，先挖后爆，平挖深爆，以爆助挖的施工原则，一场大会战在崇山峻岭之间轰轰烈烈打响了。

5月31日，引水导流明渠开挖成型。堰塞湖原定下挖10米的导流渠、开挖10万方的开挖量，已完成土石开挖13万方，超额完成3万方的开挖量，提前完成任务，将泄洪的危险性进一步降低。

31日起，大批的施工机械设备和武警水电官兵开始徒步、坐直升机撤离。站在唐家山堰塞湖坝顶，一条长475米、深13米、宽50多米的导流渠出现在堰塞体上，仿佛在默默诉说一个刚刚发生的奇迹。

按照唐家山堰塞湖三分之一溃坝撤离预案，从5月30日8时至31日8时前，19.75万下游群众将全部撤离到预先设定好的安全地带。

6月1日、2日……4日，时间一天天过去了……唐家山堰塞湖泄流不明显，湖水急剧增加，随时都有溃坝的危险。面对危情，6月5日，时任国务院总理的温家宝再次来到唐家山堰塞湖现场视察，明确提出继续加大泄洪流量的要求，尽快端掉悬在百万百姓头顶的这湖水，保证人民群众安宁的生活。

水利部专家会同现场指挥人员召开了抢险分析会，确定在距导流明渠出口100米向内侧河床斜挖分流槽，以最大限度加大泄流量的抢险方案。征程未洗的武警水电官兵再次踏上征途，一场气壮山河的开渠引流战斗再次在唐家山打响。

6月8日8时，导流槽泄洪量已经达到每秒钟7立方米之多。随着开挖的不断进行，开挖部和明渠左侧形成了极易塌方的陡坎，现场指挥人员命令所有机械设备紧急撤离，抢险工作被迫暂时停工。

在此间隙，现场指挥人员召开紧急会议，经过仔细研究普遍认为虽然现场出现局部渗水现象，但是由于导流明渠的水量依然比较小，来水也并非坝前水，目前坝体还是比较稳固的，陡坎发生坍塌险情的可能性不大。于是，指挥部大胆决策：继续开挖。

10日7时，在唐家山堰塞湖坝体上彻夜未眠的抢险人员终于传回振奋人心的消息：洪流终于按照水利专家的设想出现了重大转折——泄流槽流量已达497立方米/秒，已超出115立方米/秒的入湖流量数倍。

数小时之内，唐家山堰塞湖被堵塞近一个月的洪流，顺着人们为它抢挖出的泄流槽滚滚而下，流量迅速呈几何级数增长，泄流冲刷剧烈，按照人们规定的路线汹涌而下，堰塞湖水位迅速下降。

15时15分，被唐家山堰塞湖阻隔了整整29天的洪水，以排山倒海之势顺利通过了四川省第二大城市绵阳，全市百万人民安然无恙。

当日下午，国务院抗震救灾总指挥部给唐家山堰塞湖应急处置指挥部发去贺电。

贺电全文如下：

唐家山堰塞湖应急处置指挥部：

你们经过连续十多天的艰苦奋战，按照安全、科学、快速的要求，成功地处理了唐家山堰塞湖险情，消除了汶川地震次生灾害的一个特大威胁，确保了人民群众生命安全，避免了大的损失，创造了世界上处理大型堰塞湖的奇迹。国务院抗震救灾总指挥部特向奋战在第一线的全体解放军指战员，武警水电部队官兵，水利、地质、地震、气象等部门的工程技术人员和干部职工，以及沿线疏散的广大干部群众表示衷心地慰问、感谢和敬意！希望你们继续做好工程除险和转移避险的后续工作，圆满完成唐家山堰塞湖处理的全部任务。

国务院抗震救灾总指挥部

二〇〇八年六月十日

3. 决战白龙江

舟曲，这个地处甘肃南部的西部小山城，一直鲜为人知，却因为一场特大泥石流一夜之间成为世人瞩目的焦点。2010 年 8 月 7 日晚 11 时，历时 40 分钟、雨量达 97 毫米的暴雨突袭了这个夜幕中的西部小城。8 日凌晨，汹涌的泥石流沿着三眼峪和罗家峪两条沟道倾泻而下。转瞬之间，两条沟道及周边房屋被夷为平地。江水漫溢，泥浆满地，昔日“陇上桃源”变成了水上孤岛。

8 月 7 日晚 11 时许，汹涌的山洪泥石流沿着三眼峪和罗家峪两条沟道倾泻而下。转瞬之间，周边房屋被夷为平地。江水漫溢，泥浆满地。约 150 万立方米岩石等杂物堆积在白龙江城关桥至瓦厂桥之间长达 1. 2 公里的江道内，致使白龙江舟曲县城段河床抬高约 10 米，形成堰塞湖，导致堰塞体上游河道水位暴涨，县城三分之一街区被淹。

在经历了新中国成立以来最大的泥石流灾害后，当幸存的人们以为这场生死浩劫已经过去时，他们万万没想到，更大的洪水威胁迫在眉睫：

特大泥石流在夺去 1000 多名同胞生命的同时，150 万立方米岩石等杂物堆积在白龙江城江桥至瓦厂桥之间长达 1. 2 公里的江道内，致使白龙江舟曲县城段河床抬高约 10 米，形成堰塞湖，在十万舟曲人民头上悬挂了一把利剑，也给抢险救援出了一道世界少有的难题。

8 日凌晨，国家防总召开紧急会商会，研究堰塞湖应急处置及危险区人员转移等问题。

根据水利部前方专家实地踏勘结果，此次泥石流与汶川大地震后由山体滑坡截江而成的唐家山堰塞湖不同，舟曲堰塞湖是因特大山洪泥石流淤积河道形成软基堵塞而成的堰塞湖，极为特殊，舟曲堰塞湖的处置比唐家山堰塞湖还要复杂。

与此同时，由于正处在主汛期，天气不确定性因素很多，灾区强降雨的概率很大，随着白龙江上游水位的不断增长，以及地质灾害隐患的进一步暴露，应急处置的难度和风险也越来越大。

险情就是命令，时间就是生命！迅即制订合理的应急处置方案，是摆在水利部舟曲堰塞湖抢险指挥部面前一道亟待攻克的难题。

在借鉴以往处理堰塞湖经验的基础上，水利专家经过现场查勘，提出了“挖、爆、冲”相结合的堰塞体应急排险方案，明确了“安全、科学、迅速”的堰塞湖处置原则。挖，就是利用大型施工机械对河道局部进行挖深，加大水位落差，尽快下泄湖水；爆，就是对影响水流下泄的局部阻水建筑物或水下较大的堆积体，实施水下爆破或定点清除；冲，就是利用上游洪峰刷深河流主槽，加大河流比降、落差，使上游洪水冲开堆积体，让堰塞湖水尽快下泄。

排险方案虽然形成，但处置难度之大在全世界范围内都十分罕见。特大山洪泥石流在江中形成的水下堰塞堆积体的数量多、体积大，要把长达 1.2 公里的水下堆积体全部清除，使河床恢复原貌，这是前所未遇的难题和挑战。

一是河道淤积严重，堆积体构成复杂。堆积体中有泥石流、树木、房屋，甚至整栋楼房，形成了瓦厂桥、罗家峪、三岔口、三眼峪、城江桥等多个水上及水下淤塞阻水断面，清除难度很大；

二是施工条件受限，150 万立方米的堆积体基本都在水下，而且泥石流堆积区及河道两岸均为软基，大型机械必须通过路基箱等辅助工具进占后，再构筑丁字堰形成工作面才能进行挖掘作业；

三是淤堵河段水面宽阔，落差小流速慢，不利于利用水流冲刷淤堵河道，清淤疏通工作主要靠机械挖掘和局部爆破；

四是当前正值主汛期，白龙江上游来水多，加之上游降雨形成的洪峰流量及水位变幅大，既增加了水下施工的难度，也对抢险救援人员的安全和施工进度造成较大影响；

五是清淤疏通作业既有挖方，又有填方，而且在施工过程中还会不断出现新的淤积，必须在两岸沿线布置大量挖掘设备，形成连续作业面，24 小时不间断地挖掘，施工工程量巨大……

各路抢险队伍火速赶往舟曲。水利部紧急调集 120 多名水利专家和抢险突击队。武警水电部队从四川、青海、陕西抽调 200 多名操机手、80 台（套）大型工程机械，千里大驰援，增援堰塞湖应急抢险工作。兰州军区某部工兵部队迅速架起一座浮桥，让挖掘机横渡白龙江，邱少云旅的大型挖掘机沿右岸展开作业。

8 月 9 日上午 8 时 18 分，按照挖爆结合的堰塞湖排险方案，兰州军区工程兵部队对淤堵瓦厂桥桥面实施第一次爆破后，武警水电部队立即对桥孔进行掏挖疏通作业，下午瓦厂桥中孔即成功疏通过流。8 月 10 日，堰塞湖下游严重阻水的瓦厂桥得到有效疏通，堰塞湖溃决的险情解除。随后，通过对三眼峪、罗家峪断面堰塞体进行爆破清阻，对瓦厂桥桥孔实施连续挖掏作业，有效地打通了过流通道。

为解决在淤泥及软基段施工问题，8 月 10 日，国家防总紧急调运 480 块路基箱，为大型机械进入施工现场创造了有利条件，赢得了宝贵时间。武警水电部队、兰州军区工兵部队紧急调集上百台大型挖掘机，沿江两岸深挖河床清淤。大型挖掘机在水中作业，机身每向前推进一米，都需要在机身下填充 50—60 立方米石料。为了确保武警水电部队集中全力向前推进，武警甘肃总队、森林部队协同配合，每天派出 500 多名官兵装填沙石，为挖掘机铺路，保证了武警水电部队 24 小时连续作业，加快了河道疏通进度。

全力消除城江桥上游河段淤堵，尽快宣泄上游存蓄水量，这也是淤堵河道清淤疏通工作的重点和难点。武警水电部队在城江桥上游右岸开辟了近 300 米长的作业面，近 20 台挖掘机昼夜不间断地进行清淤疏通。同时，还克服重重困难，在左岸新开辟了作业面并投入施工作业。通过持续不断地挖掘疏通，白龙江中断面水位逐渐下降，被淹城区水位逐渐消落，大部分淹没街区露出水面。实现了通过挖、爆、冲相结合的措施，消除城江桥至瓦厂桥河段淤堵。

8月27日，白龙江河道疏通工程进入决战阶段。前方指挥部发出最后阶段的总攻令，要求解放军和武警水电部队不怕疲劳，连续奋战，全力攻坚，确保在8月30日24时之前完成白龙江河道清淤疏通工程，使被淹城区全部露出水面。

水利部前方工作组与部队建立了每日会商制度，甘肃省州县各级干部和专业技术人员密切配合。伴着隆隆的机声，和着激流浪涛，军队与地方合力排险。

为全力消除城江桥上游河段淤堵，尽快宣泄上游存蓄水量。备受关注的白龙江河道疏通工程进入决战阶段，解放军和武警水电部队发扬不怕疲劳、连续作战的精神，打响了夺取白龙江河道清淤疏通工程攻坚战！

从城江桥到瓦厂桥，一字排开的挖掘机轰鸣着，从江水中不停地掏挖泥石杂物，在漆黑的夜幕下，白龙江两岸却灯火通明，构成一幅紧张激越的鏖战画卷，战士们和指挥员与时间赛跑。130台大型挖掘机一伸一挖，河道的淤泥在减少；300余台运输车辆一来一往，河岸的道路在延长。近千名参战解放军、武警部队官兵星夜兼程，24小时轮流作业不间断。

30日凌晨1时，白龙江中断面水位较最高时下降4.7米，被淹城区水位逐渐消落，大部分街区已露出水面。

30日中午12时，白龙江中断面水位较最高水位下降5.26米，局部低洼处积水已完成抽排，城区积水逐步回流归槽，浸泡舟曲县城23天的洪水终于按照人们的意愿逐渐退去。

历经劫难的山城欢声雷动，翘首以盼的人们奔走相告……

4. 一曲气壮山河的抗洪壮歌

2013年春，还未到汛期，东北主要江河汛情便有点来势汹汹。普通百姓也许并没有留心这一变化暗示着大自然某些最险恶的意图，但水文、气象等防汛工作者却从这一反常的数字中警惕地发现：反常气候可能潜伏大汛情。

果不其然，暴雨突降，洪水骤至。入汛以后，多轮强降雨轮番袭击东北大部地区，往日温柔的嫩江、松花江、黑龙江变得狂躁暴虐、桀骜不驯。继1998年洪灾之后，最大流域性洪水再次侵袭松花江流域。

这是罕见的雨情！降雨来临较常年偏早35天，比历史大洪水年1957年、1998年分别早30天、5天；降雨日数达68天，较常年多20天。先后发生35次降雨过程，比一般年份多16次，其中平均降雨量大于50毫米的降雨过程达8次之多。

这是罕见的汛情！嫩江、松花江、黑龙江均发生流域性大洪水。嫩江、松花江、黑龙江长时间维持高水位，超警河段长达3200多公里。嫩江、松花江干流超警戒水位历时46天，最大60天洪水量513亿立方米；黑龙江干流超警戒水位历时58天，最大60天洪水量1630亿立方米。

千万百姓、万顷良田，雨情汛情、百姓安危，无一不牵动着党和国家领导人的心！

习近平总书记做出重要批示，要求把确保人民群众生命安全放在第一位，全力搜救失踪人员，及时组织受洪水威胁地区群众转移避险，妥善安排好受灾群众的秋冬生活，抓紧灾后恢复重建。李克强总理多次对东北地区抗洪抢险工作做出重要批示，主持召开现场连线视频会议，专题研究部署抗洪抢险救灾工作。

心系东北，枕戈待旦。从7月24日预判东北地区可能发生大洪水，7月30日松花江干流肇源河段开始超警后，国家防总、水利部多次召开防汛会商会，分析研判松花江和辽河流域防汛抗洪形势，强调要进一步落实转移避险预案，把确保群众生命安全放在首位，及时转移并妥善安置危险地区的群众。

各级政府高高擎起“以人为本”的旗帜，始终把保障群众生命安全摆在首位，提前发布灾害预警，先后转移低洼地区、库区和河道内滩区、围堤、岛屿等危险地区群众84.8万人，其中黑龙江34.2万人、吉林26.9万人、辽宁23.6万人、内蒙古735人。黑龙江省根据堤防标准低的实际情况，提前编制黑龙江干流6处可能决口堤防的洪水风险图，在二九〇农场等3处堤防决口前，组织受影响的4.24万人安全转移；紧急抢筑了萝北县二道防线、同江市同抚大堤二道防线和城区三道防线，保护了16.5万人的生命安全。

超前防御，离不开高科技手段支撑。精确测报好比“耳目尖兵”，传统的水文监测基本上是“人海战术”和夜以继日地苦干，尤其是出现大洪水时，为满足报汛要求，一个水文站往往要几个测报员连续作战。而今天，国家防汛抗旱指挥中心大屏幕上，全国降水实况图、多日累计降雨量综合分析图以不同等级颜色清晰标注，全国主要江河、大型水库超警警示标不断闪烁，全国数千座水文站点实时动态数据近在眼前，洪水的脉动尽在掌控之中。

1998年以来，国家健全完善了洪水预报、水文自动测报、“天眼”全国气象预报、异地会商等一系列现代化信息系统，这些高科技“耳目尖兵”，体察水位消涨、把脉江河汛情，为科学决策提供了有力支撑。

决策部署，离不开加密会商、分析研判。位于北京市白广路二条2号的国家防总指挥中心是指挥全国防汛抗旱的“神经中枢”。进入汛期，每日9点半，国家防总指挥中心这个中枢指挥系统就进入高速运转模式。防汛、气象、水文等部门联合会商雨情、水情、汛情和灾情信息，充分考虑干支流、上下游、左右岸关系，逐时预报和推算洪峰流量，制定多套调度方案，为决策部署提供参考。关键时刻国家防总、水利部在这里及时召开防汛抗旱会商会，国家防总成员单位不定期集结，分析研判全国防汛抗旱未来发展趋势，及时做出有效部署。

在7月24日预判东北地区可能发生大洪水后，国家防总立即根据国务院批复的《松花江防御洪水方案》，对东北四省区防汛工作进一步做出安排部署，并根据汛情发展，适时启动防汛应急响应，8月15日将防汛应急响应提升至Ⅱ级。

科学调度，离不开坚实的水利工程基础。据水利部统计，15年来，中央财政安排松花江流域水利建设投资450亿元，建成了尼尔基等一批流域控制性工程，嫩江、第二松花江、松花江干流主要堤防得到整治，加固和新建了干流堤防3300多公里，初步形成了以堤防为基础，大型控制性水利枢纽为骨干，与支流水库调蓄和非工程措施相结合的综合防洪体系。

完善的综合防洪体系，筑起抵御流域性大洪水的坚强屏障。为迎战一浪高过一浪的汹涌洪水，一个个科学调度、精准调度的方案是提升我国防汛抗洪能力的一次全面考量：

8月2日，位于嫩江一级支流洮儿河干流上的察尔森水库，超汛限水位1.81米，入库流量为569立方米/秒，根据松花江防总调度命令，察尔森水库14时下泄洪量为300立方米/秒，削峰率达47%。上游洪水慢慢消退后，察尔森水库进一步将出库流量压减至150立方米/秒，减轻了下游月亮泡水库和松花江流域的防汛压力。

8月12日，嫩江上游尼尔基水库入库洪峰流量达9440立方米/秒，综合研判雨情、水情和尼尔基水库工程运用情况，控制下泄流量5500立方米/秒，削减洪峰42%。将嫩江尼尔基水库上游超50年一遇的洪水削减至嫩江下游及松花江干流10—20年一遇的中等洪水，有效减轻了嫩江干流、松花江干流的防洪压力。

8月14—16日，第二松花江流域10条支流发生超警戒水位洪水，上游发生超20年一遇的大洪水。联合调度松花江上游的白山、丰满水库，白山水库将9270立方米/秒的洪峰流量削减为4000立方米/秒，削峰率达57%，丰满水库将10700立方米/秒的洪峰流量削减为1800立方米/秒，削峰率达83%；经白山、丰满两座水库联合拦洪削峰，将第二松花江上游发生的超20年一遇的大洪水削减为一般洪水。

8月17日，辽宁浑河上游发生超过50年一遇的特大洪水时，调度大伙房水库将入库洪峰流量8200立方米/秒削减为22立方米/秒，削峰率达99.7%，还为下游河道提供错峰时间达29小时，保障了浑河下游防洪安全……

一个个调度令，浸透着无数智慧和汗水。整个汛期，沿江骨干水利工程拦蓄洪水60亿立方米，发挥巨大防洪效益。

一座座水利工程，支撑起保卫江河的安澜之基。洪水过后，白城、松原、齐齐哈尔、大庆、哈尔滨、佳木斯等沿江城市有惊无险。

雨情汛情声声紧，内河界江湍湍急。堤防受高水位长时间浸泡冲刷，管涌、渗水、脱坡等险情时有发生。江河汹涌，溪水高涨，超警戒、超保证水位接踵而至。

罕见大水，难以估量的防汛形势，时刻考量着决策者组织指挥的胆识智慧。面对嫩江、松花江、黑龙江三条大江几乎同时发作的大洪水，从国家防总到松花江防总，从水利部到东北三省，各就各位，紧张有序，调遣自如……

国家防总、水利部四位部级领导先后赶赴抗洪抢险一线，共派出36个工作组、专家组赶赴一线，与当地军民一起研究抢险方案，实地指导抗洪抢险工作。在抗洪抢险物资严重缺乏的紧要关头，在短短20天时间里，分14批次，从全国19个中央物资储备仓库和16个省（区、市），向东北四省区紧急调拨了价值1.1亿元的编织袋、彩条布、土工布、冲锋舟、发电机组、排涝水泵、救生衣、防汛帐篷、钢丝网兜等防汛抗洪物资。

东北主要沿江地、市、县由主要领导包段、包堤，确保不出现垮坝、溃堤事故；各级基层党委政府心系百姓安危，及时转移安置受灾群众。领导干部以身作则、率先垂范，用行动发出号令，用行动昭示力量，汇聚起抵御洪水、抢险救灾的强大合力。

松辽流域各省市县级防指每天24小时高速运转，调度地方巡堤查险工作组，对重要堤防和险工险段各司其职，分兵把守，协同作战，共同织起一张张防汛抗洪抢险保障网。

黑龙江省不断提升应急响应，提出了“五到位”要求，即指挥工作体系到位、队伍到位、物资准备到位、检查到位、应急预案的调整和补充到位。确立了嫩江、松花江流域和黑龙江流域，“两条战线”作战抗洪抢险的总体战略。明确提出了一保人员安全，二保县城和乡镇安全，三保农田的防守原则。

吉林省全面落实以行政首长负责制为核心的防汛责任制，逐座水库明确了地方政府、主管部门、管理单位和管护“四位一体”责任人，逐条江河落实了行政、技术、管理责任人。成立综合协调、防汛调度、物资供应、灾情统计、抢险专家5个应急工作小组，有序有效开展抗洪抢险救灾工作。

嫩江月亮泡水库从7月8日开始，超汛限高水位运行。吉林省防指及早组织气象、水文部门，加强分析研判。针对月亮泡水库6号坝体单薄、坝顶高程不够的问题，从6月15日开始就进行应急加固工程建设，为了应对不断升级的汛情和险情，省防指先后9次派驻专家现场研究抢险加固方案。调集了100多辆大型工程车、近500名干部和500名群众对月亮泡6号坝进行抢护加固加高2米，使月亮泡水库这个吉林抗洪最薄弱的环节没失一寸堤，没伤一个人。

位于洮儿河汇入嫩江之处的月亮泡水库6号坝在1969年、1998年的两次大洪水中发生决口，据附近的村民说，不仅水淹农田，而且连附近的村庄都泡在水里，3年不见收成。从7月初开始月亮泡水库水位以平均每天5至6厘米的速度不断上涨，最高水位达到133.57米，超汛限水位2.57米，湖域面积达300平方公里。一面是洮儿河不断涌来的滚滚洪水，一面是下游的嫩江洪水顶托，夹在中间的月亮泡水库洪水无法排出，成为吉林防洪的“决战之地”。

肇源县位于黑龙江省西南部、松嫩两江左岸，长春、哈尔滨、大庆“金三角”的中心。“咽喉”要塞的地理位置，使其成为松嫩两江抗洪抢险的必守之地。自8月1日起，肇源县进入防汛临战状态，165.68公里两江堤防全线设防，1.3万名干部群众和部队官兵日夜坚守。

这是东北三大江河抗洪抢险一个最危险的时刻。在滔滔的洪水中，在拍岸的惊涛里，党群齐动，军民协力，不畏艰险，挺身而出。

8月22日，松嫩两股洪流汇聚地肇源，百里堤防面临严峻考验。黑龙江省防汛机动抢险队肇源应急分队的30多名抢险技术队员即刻前往现场，在洪峰到达前，配合当地完成了肇源全线堤防的巡查，以丰富专业的经验防渗漏，治管涌，排险情，固堤防，齐心协力打赢了肇源洪峰阻击战。

在肇源抗洪抢险的决战决胜时期，2000多名人民子弟兵众志成城，构成了抗洪抢险前线一道壮丽的风景线。8月20日，沈阳军区某部、黑龙江陆军预备役师、武警黑龙江总队齐齐哈尔支队、大庆市消防支队四支兄弟部队700多名官兵一起承担起十八崴子堤段抢险护坡任务，官兵有的装沙袋筑堤防，有的消险加固，有的手提肩扛垒造堤坝。

8月20日，黑龙江鹤岗市萝北县肇兴镇柴宝段堤防异常艰险，坝前成片的防浪林已淹到顶部，坝后的玉米地已成汪洋一片。堤防加固“战事”紧急，一支300多人的队伍正在加紧装沙袋，这支由当地一家公司和自发前来的普通群众组成的志愿者队伍已在大坝上连续工作3天，每天要装1万多个沙袋。带队的王广利是1984年黑龙江大水的亲历者，也是抗洪救灾参与者之一，对于洪水有着刻骨铭心的记忆："保卫家园，人人有责。家乡遭灾是谁都不愿意看到的。"

一袋沙容易被冲走，一个人难挡大洪水。在这场与洪水的战斗中，广大党员干部、水利专家和军警官兵齐心合力，顽强拼搏，刷新一项项救援纪录，创造一次次救灾奇迹，书写一个个英雄传奇，最大限度地杜绝了人员伤亡，最大限度地减轻了灾害损失。

江水逐渐回落，警报已经解除。成熟完备的群防群控体系，高效运转的抗洪机制，足额到位、高效调拨的防汛抢险物资运转流程，高效指挥、有序组织，严密防守、团结协作的强大合力，确保了松江花流域干流堤防无决口，大中型水库无垮坝，有力保障了人民群众生命安全，最大程度减轻了洪涝灾害损失。

9月20日5时，黑龙江下游干流抚远站低于警戒水位0.01米。至此，嫩江、松花江、黑龙江干流均全线退至警戒水位以下，国家防汛抗旱总指挥部于9月20日8时终止防汛Ⅲ级应急响应，标志着嫩江、松花江、黑龙江抗洪抢险取得全面胜利，创造了各类水库无一垮坝，松花江、嫩江干流堤防无一决口，黑龙江重要城镇堤防无一决口的奇迹！

而由此往上追溯15年，定格在1998年的夏天。从长江到嫩江、松花江，洪水滔滔，南北为患，800多万抗洪军民抗御了一次次洪峰的袭击，战胜了一个个险情，最终取得了抗洪斗争的胜利，但仅松花江流域就付出了993处堤防决口、21座水库垮坝、3393公里堤防损坏的代价。

5. "梅花"凋零　人民平安

2015年9月27日，农历中秋节，2015年第21号台风"杜鹃"携带着狂风暴雨直扑我国东南沿海。在国家防汛抗旱总指挥部指挥中心，由水利部、民政部、国土资源部、交通运输部、农业部、中国气象局、国家海洋局、解放军总参谋部、武警部队等有关部门的负责人参加的防台风异地视频会商会紧张进行。

中国气象局、国家海洋局和水利部水文局的水文、气象专家对今年第21号超强台风“杜鹃”的移动路径、风力变化和海浪、风暴增水以及雨情、水情预测预报情况进行分析研判。

国家防总、水利部要求有关流域防总、省市防指以及相关部门、单位要以对人民群众高度负责的精神，从最不利情况出发，根据防汛防台风预案和各地、各流域实际情况，及时启动应急响应，落实各项防御措施，着力做好台风防御工作。国家防总启动防台风Ⅲ级应急响应，先后两次发出通知安排部署防御工作，并向福建、浙江、上海、江苏、江西、安徽等6省市派出工作组，协助开展防御工作。

国家防总有关成员单位密切配合，按照职责分工全力开展防御工作。国家减灾委、民政部紧急启动救灾预警应急响应，交通运输部召开交通系统防台风视频会议部署防御工作，农业部发出通知部署出海渔船回港避风和渔业、农业防台减灾措施。中国气象局启动重大气象灾害Ⅲ级应急响应，全力做好台风监测预警和服务工作。国家海洋局启动海洋灾害Ⅰ级应急响应，滚动播报海浪和风暴潮预警信息，解放军、武警部队积极支援地方抢险救灾，共出动兵力4770人，协助地方做好群众转移、堤坝加固、道路清理和疏通排水等救灾任务。

各地防汛指挥部及有关部门取消节日休假，各防汛责任人上岗到位，安排部署各项防范工作。9月29日8时50分“杜鹃”在福建莆田登陆，台风登陆期间，各地采取有力措施，共转移危险区域群众76.84万人，组织5.77万余艘船只回港避风，无人员伤亡报告，将台风灾害损失降到了最低。

台风灾害是世界上最严重的自然灾害之一。全球每年因台风造成的经济损失从数十亿到上百万亿美元，死亡人数约2到3万。一个成熟的台风，爆发出来的能量相当于几十万颗原子弹释放的能量，其威力之大可想而知。以2004年在我国浙江台州登陆的14号强热带风暴“云娜”为例，在短短96个小时内，释放了相当于50万颗原子弹的威力，造成的损失也是触目惊心，在浙江造成164人不幸遇难，24人失踪，受灾人口达1299万人，直接经济损失达181.28亿元。

每年夏天，防御台风灾害就成为水利部、国家防总指挥部防灾减灾的一项重要任务，从2011年“梅花”到2013年“菲特”“威马逊”，再到2015年“苏迪罗”“杜鹃”……一个个超强台风接踵而至，而一场场惊心动魄的防御攻坚战每个夏天都在轮番上演。

历史回到2011年8月9日上午8时，当年第9号超强台风“梅花”停止编号，标志着这个揪人心弦达12天的“长寿”台风“寿终正寝”。令人欣慰的是，狂风暴雨途经沿海5省市，未造成重大灾害损失。

从7月28日14时在西北太平洋洋面上生成，“梅花”就开始了与国家防总的水文、气象、防汛专家们“捉迷藏”的过程。

从热带风暴——超强台风——台风——强台风——台风——热带风暴，不断改变行进路线；经历了增强——减弱——再增强——再减弱的三起三落，善变的“梅花”给预报和防御工作带来了极大难度。

面对复杂的形势和可能遭遇的严峻灾情，党中央、国务院高度重视。按照中央领导同志的重要指示，国家防总周密部署、准确测报、科学调度，全力作好“梅花”防御工作。

8月4日，国家防总、水利部召开防御第9号强台风“梅花”异地视频会，宣布国家防总于4日17时启动防台风Ⅱ级应急响应。8月6日再次召开国家防总紧急会商会议，进一步安排部署第9号台风“梅花”防御工作，要求从最不利的情况考虑，向最好的方向努力，千方百计减少损失，确保群众生命安全的目标。

水文、气象专家密集会商，分析研判9号台风“梅花”的发展趋势和可能造成的影响，及时发布水情、雨情、台风预警信息。

浙江、上海、江苏、山东、辽宁、福建、安徽、吉林等受台风影响的各省市认真贯彻落实中央领导重要指示精神和国家防总防台风异地视频会商会议精神，有力有序开展防御工作。有关各省市党委、政府主要领导或亲临一线督战，或主持会议周密部署台风防御工作。一场全力应对“梅花”登陆的防御攻坚战全面打响。

准确预报，科学调度。每天早上9点30分，国家防总办公室台风防御会商会定时召开，防汛、水文、气象专家，通过“天眼”防汛抗旱水文气象综合业务系统显示的卫星云图、实时水情及雨情分析图，结合欧洲中心、美国、日本、中央气象台等世界各地的最新、最权威的分析预报，对“梅花”的走向、强度展开密集会商。根据会商结果，一道道指令从这里发出，一个个工作组从这里出发。

从8月3日到5日，国家防总连续派出五个工作组紧急赶赴浙江、江苏、上海、山东、辽宁等省市，协助和指导地方做好防台风工作。各有关流域防总也及时启动了防汛应急响应，加强了流域内水利工程的调度。太湖防总启动了防汛Ⅱ级应急响应，加强了太浦闸、望亭立交、常熟水利枢纽等骨干工程的调度，提前预降太湖及周边河网水位，长江、黄河、淮河、海河等有关流域防总也强化了台风防御工作。根据台风影响可能造成的强降雨天气，科学调度台风影响区域江河、水库水位，充分发挥水库、水电站拦洪削峰错峰作用，蓄水较多的水库，提前降低水位，预留防洪库容。病险和小型水库降低水位运行，加强应急值守，确保江河、水库工程安全。

“梅花”过后，途经地区江苏洪泽湖、山东大沽夹河、东五龙河等出现明显涨水，但均未超过警戒水位。江苏、山东、辽宁三省水库蓄水有所增加，其中江苏省20座大中型水库增蓄0.35亿立方米，山东省188座大中型水库增蓄1.49亿立方米，辽宁省28座大型水库增蓄0.28亿立方米。在科学防灾的基础上，实现了水资源科学利用。

按照国家防总防台风部署，山东组织力量对海上养殖渔排、进港避风船只、港口危险地带、低洼易涝地区、危旧工棚房屋和高空构筑物等进行全面排查，切实做到不留死角、不漏一人。上海市防指对人员转移、高空坠物、工作安全等12个方面做出进一步安排。江苏省防指派出6个工作组赶赴连云港、无锡、苏州等重点地带检查督导防御工作。辽宁、上海、江苏、浙江、福建、山东等省市分阶段、有步骤地组织14.8万艘船只进港避风，先后转移危险区域人员130万人，尽最大努力避免人员伤亡和减少财产损失。

风雨无情，生命至上。在国家防总的统一领导和协调下，各地区各部门按照“不死人、少伤人、少损失”的要求，全力做好应急准备。民政部4日启动救灾预警响应，做好救灾准备。交通运输部召开异地视频会商部署防台风工作。中国气象局加强预测预报，派出工作组赶赴一线。总参谋部和武警部队及时组织部队做好抢险救灾准备。驻浙某部3.3万余人组成200多支核化救援、抢险救灾应急分队。各有关部门密切配合，协作联防，严格落实各项防御措施，构筑起一道“横向到边、纵向到底”的应急防御体系。

8 月 6 日，“梅花”进入东海海域向华东沿海靠近，国家防总办公室得到报告，浙江省岱山附近危险海域发现有 28 艘外省籍渔船锚泊，不能回港避风，立刻与浙江、山东两省联系，海事部门紧急出动 3 艘搜救船只前往支援，确保了船只及人员安全。

8 月 8 日凌晨 3 时，受到台风“梅花”影响，高达 20 米的海浪，导致大连金州开发区大孤山福佳大化石油化工有限公司沿海一处在建防波堤坝发生局部溃坝。大连市立即启动灾害紧急救援预案，有序组织抢险，及时排除险情，确保了安全。

8 日 18 时 30 分，“梅花”在朝鲜西北部沿海登陆，中心最大风力 9 级，对我国的影响逐渐减小，国家防总决定 8 日 19 时起终止防汛 II 级应急响应。

“梅花”绽放，纵跨东海、黄海、渤海等海域，影响浙江、上海、江苏、山东、辽宁等 10 个省市。

“梅花”凋零，未造成重大灾害损失，实现了“不死人、少伤人、少损失”的总体防御目标。

第五章
民生为本，打响供水安全保卫战

1. 172 项重大工程掀开治水新高潮

“引洮河水，解陇中渴。”2015 年 8 月 6 日，国家重大水利工程项目——甘肃引洮供水一期正式运行暨二期开工建设动员大会在定西市陇西县马河镇举行，意味着数百万陇中人民群众盼了半个多世纪的调水梦正成为现实。

甘肃中东部，人均水资源量仅为全国人均的 6%，是全国最干旱的区域之一。引洮供水工程是甘肃有史以来投资规模最大、引水渠线最长、覆盖范围最广、受益群众最多的大型跨流域调水工程，是几代甘肃人的夙愿。工程建成后，供水范围涉及兰州、定西、白银、平凉、天水 5 个市辖属的榆中、渭源、临洮、安定、陇西、通渭、会宁、静宁、武山、甘谷、秦安等 11 个国家扶贫重点县（区），可解决甘肃省 1/6 人口的饮水困难问题。

2013 年春节前夕，习近平总书记曾亲临施工现场视察，做出了“民生为上、治水为要，要尊重科学、审慎决策、精心施工，把这项惠及甘肃几百万人民群众的圆梦工程、民生工程切实搞好，让老百姓早日喝上干净甘甜的洮河水”的重要指示。

各路水利建设大军和机械化队伍汇集高山峡谷，大型挖掘机的马达声与洮河的滔滔洪流汇奏出雄壮的交响曲。建设管理、监理、设计、施工单位的数千名工程技术人员，克服高寒阴湿、盛夏酷暑等恶劣的自然环境，在莲花山下安营扎寨，在洮河岸边挥洒汗水，成功地解决了各种技术难题，实现了导流洞按期贯通、大坝按期截流、按期下闸蓄水的阶段性目标。

2014年12月28日，引洮供水一期工程宣告建成并全线试运行通水，不仅彻底解决了甘肃中部地区的定西、兰州、白银3个市辖的会宁、安定、陇西、渭源、临洮、通渭、榆中7个县（区）154.65万人的饮水问题，而且为城镇和工业供水、农业灌溉，生态环境改善，全面促进甘肃经济社会可持续发展提供了水资源保障。

引洮供水二期工程开工建设又是当地落实中央兴水惠民决策部署的一项重要举措，不仅对全面发挥引洮供水工程整体效益至关重要，也将为“丝绸之路经济带”甘肃黄金段建设提供坚实的水利支撑和保障。

“完善优化水资源战略配置格局，在保护生态前提下，尽快建设一批骨干水源工程和河湖水系连通工程，提高水资源调控水平和供水保障能力。”2011年中央一号文件对加强水利建设，提高水资源调控能力做出重要部署。

2014年5月21日，国务院总理李克强主持召开国务院常务会议，部署加快推进节水供水重大水利工程建设。会议认为，当前我国推进新“四化”和生态文明建设，对水资源支撑保障能力提出了更高要求，但水利设施薄弱仍是明显掣肘。在继续抓好中小型水利设施建设的同时，集中力量有序推进一批全局性、战略性节水供水重大水利工程。会议确定，在2014年、2015年和“十三五”期间分步建设纳入规划的172项重大水利工程。

2014年《政府工作报告》明确提出，“国家集中力量建设一批重大水利工程，支持引水调水、骨干水源、江河湖泊治理、高效节水灌溉等重点项目”。

2015年2月25日，国务院总理李克强再次主持召开国务院常务会议，部署加快重大水利工程建设。要求落实目标责任制，加快项目审批和资金下达，并要求建立政府和市场有机结合的机制，鼓励和吸引社会资本参与工程建设和管理。

2015年《政府工作报告》明确提出，“重大水利工程已开工的57个项目要加快建设，今年再开工27个项目，在建重大水利工程投资规模超过8000亿元”。

国务院两次召开常务会议做出部署，连续两年写入《政府工作报告》。加快推进重大水利工程建设，已经成为国家稳增长、促改革、调结构、惠民生的重要举措。

水利工程是支撑“四化同步”发展的基础性工程，是直接拉动经济增长的支柱性工程。从中国古代的大运河、都江堰到新中国成立后建设的南水北调、小浪底、三峡工程都对经济社会发展具有十分重要的战略意义。

水利部权威人士表示，特别是在我国目前防洪减灾体系尚不完善，部分地区城乡供水能力严重不足，农业用水效率不高的国情水情下，集中力量建成一批打基础、管长远、惠民生的重大水利工程，将使新型城镇化发展、国家重要经济区、粮食主产区等重点领域和区域水利基础设施保障能力显著增强，水资源利用效率和效益明显提高，生态环境持续得到改善。

国务院部署的172项重大水利工程，主要涉及农业节水、引调水、重点水源、江河湖泊治理、新建大型灌区等。从区域分布看，西部地区有70项，中部地区38项，东部地区28项，东北地区36项。工程建成后，将实现新增年供水能力800亿立方米和农业节水能力260亿立方米、增加灌溉面积7800多万亩，使我国骨干水利设施体系显著加强。

重大农业节水工程，包括四川都江堰、安徽淠史杭、内蒙古河套灌区等大中型灌区续建配套节水改造骨干工程，东北节水增粮、华北节水压采、西北节水增效、南方节水减排等田间高效节水灌溉工程。

重大引调水工程，包括陕西引汉济渭、甘肃引洮二期、云南滇中引水等一批重大引调水工程，以提高区域水资源水环境承载能力，保障重要经济区和城市群供水安全。

重点水源工程包括西藏拉洛、浙江朱溪、福建霍口、山东庄里等，保障新型城镇化进程中的供水安全，增强城乡供水保障和应急能力。

江河湖泊治理骨干工程，包括珠江大藤峡、淮河出山店、黄河古贤等流域控制性枢纽工程，黑龙江、松花江、嫩江干流防洪，长江中下游河势控制，黄河下游堤防建设和上中游河道治理，蓄滞洪区以及新一轮治淮和治太骨干水利工程等，提高抵御洪涝灾害的能力。

新建大型灌区工程，包括嫩江尼尔基水库配套灌区、吉林松原灌区、四川向家坝灌区、湖南涔天河灌区、江西廖坊灌区等新建大型灌区工程，增强重点地区粮食产能和农业综合生产能力，确保国家粮食安全。

水利部将推进重大水利工程建设作为水利工作的重中之重，成立领导小组，印发《加快推进水利工程建设实施意见》，明确年度投资计划执行的总体目标，提出加快水利建设的具体措施，完善加快水利工程建设的保障机制。联合国家发展改革委、财政部出台了《关于鼓励和引导社会资本参与重大水利工程建设运营的实施意见》，创新投融资机制，吸引社会资本投入重大水利项目。

建设重大水利工程重在前期工作。三峡工程从孙中山在《建国方略》当中提出来，到开工建成，经历了近一个多世纪。南水北调从毛泽东1952年提出来，到开工经历了50年。

中央各部门高度重视和大力支持重大水利工程建设，国家发展改革委、财政部、国土部、环保部、国家开发银行、中国农业发展银行、中国农业银行等部门和单位，专门针对加快推进水利工程建设出台或调整了有关政策措施，特别是在前期审批程序、财政项目评审、前置要件办理以及过桥贷款等方面，进行较大政策调整。

发展改革委、水利部会同有关部门建立重大水利项目审批部际联席会议制度，协调解决重大水利工程前期工作审查审批的重大问题，建立重大水利建设项目前期工作审批“绿色通道”，先后就加快推进西江大藤峡、引江济淮、滇中引水、黄河黑山峡河段开发等项目进行现场调研和专题研究，及时解决相关重大问题，大大提高了审查审批工作效率。2015年批复可研报告的28项重大水利项目从可研报告报出到审批平均周期9.4个月，与以往相比审查审批周期压缩了一半以上。

全国各省份成立了加快水利建设领导小组，加大组织协调力度，落实责任分工，抓好建设安排，纵横联动齐抓共管，重大水利工程建设取得了重要进展。

经过两年的建设，部分项目初步发挥效益，江西峡江水利枢纽工程、河南河口村水库、云南牛栏江滇池补水等工程基本建成，防洪、供水、发电、灌溉、生态等综合效益发挥明显。

2015年5月21日，国家重大水利工程湖南莽山水库正式开工建设，这是国务院部署2015年拟新开工建设27项重大水利工程的首个重点工程。

位于湖南省最南端的宜章县，降雨年际变化大，河流易涨易落，历史上多次遭受洪灾、旱灾。宜章境内长乐水河上游的莽山水库，是解决宜章县南部地区洪涝灾害、干旱缺水唯一有效的工程措施，也是珠江流域湖南境内唯一的大型水库，从20世纪50年代开始规划建设。因投资巨大、地方财力有限，莽山水库规划多年未动工。

如何解决重大水利工程建设中类似莽山水库这样的难题？在新的形势下，如何有针对性地解决社会资本参与水利工程建设“进不来”和“不愿进”的问题？

2015年3月，国家发展改革委、财政部和水利部联合出台《关于鼓励和引导社会资本参与重大水利工程建设运营的实施意见》（以下简称《意见》），明确除法律、法规、规章特殊规定的情形外，重大水利工程建设运营一律向社会资本开放，建立健全政府和社会资本合作PPP（PPP，即公私合作模式，是公共基础设施中的一种项目融资模式，指政府公共部门与私营部门合作过程中，让非公共部门所掌握的资源参与提供公共产品和服务，从而实现合作各方达到比预期单独行动更为有利的结果。在该模式下，鼓励私营企业、民营资本与政府进行合作，参与公共基础设施的建设）机制，鼓励社会资本以特许经营、参股控股等多种形式参与重大水利工程建设运营。只要是社会资本，包括符合条件的各类国有企业、民营企业、外商投资企业、混合所有制企业以及其他投资、经营主体愿意投入的重大水利工程，原则上应优先考虑由社会资本参与建设和运营。

随后，国家发展改革委、财政部和水利部等3部门选择黑龙江奋斗水库、安徽江巷水库、福建上白石水库、湖南莽山水库等12个项目作为国家层面联系的试点，启动第一批社会资本参与重大水利工程建设运营试点工作。

莽山水库乘这一东风，经过公开招标程序，由广东水电二局股份有限公司等组建的投标联合体被确定为社会资本方，并成立特许经营项目公司——莽山水库开发建设有限公司。宜章县政府与中标人签订《莽山水库特许经营权框架协议》，授予项目公司44年特许经营权。根据协议，社会资本方收回成本并获得一定利润，主要来自水库建成后的农业灌溉、城镇供水及发电等收益。莽山水库在达到设计水平年后，宜章县政府将按出库水价向项目公司支付农业灌溉用水水费，还将协助项目公司向自来水公司收取城镇生活供水水费，同时授予项目公司莽山水库库区旅游特许经营权等。

据水利部规划计划司统计，截至2015年底，国家确定的172项重大水利工程，已有85项重大水利工程开工建设，2015年新开工甘肃引洮供水二期、广东韩江高陂、鄂北水资源配置等28项重大水利工程，在建工程投资总规模超过8000亿元。

2011—2015年，全国水利建设总投资达到20324亿元，超过1.8万亿元规划投资，是“十一五”水利建设总投资的近3倍。2011—2014年中央安排投资达5799亿元，年均投资1450亿元，比“十一五”年均投资增加147%。

随着水利投资大幅增加，青海引大济湟、甘肃引洮一期、牛栏江滇池补水、南水北调东、中线一期工程等一批蓄、引、提、调水工程相继建成，并发挥出显著的经济社会效益。

“十二五”期间，全国新增供水能力达380亿立方米，全国供水总量从1949年的1000多亿立方米增加到6000多亿立方米，有力地保障了供水安全。仅以2015年新开工的27项重大水利工程为例，建成后可新增防洪库容9.3亿立方米，年供水量72亿立方米，发电装机32万千瓦，新增或改善灌溉面积845万亩。

国务院部署的172项重大水利工程建成后，初步测算可新增农业年节水能力260亿立方米左右，将可以有效缓解水资源对经济社会发展的瓶颈制约，同时，还将推动整个经济社会发展、产业结构调整和基础设施优化升级改造，使经济结构进一步适应水资源承载能力，从而促进经济社会可持续发展。同时，还将进一步减少对自然资源的破坏，降低资源和环境负荷，促进生态文明建设，比如农业节水工程建设可减少水资源开发利用对水环境的破坏，减少地下水超采，减少农药化肥等污染物对环境的影响等。

2. 让亿万农村群众喝上放心水

2014年11月24日，李克强总理亲临水利部考察调研，这是新中国成立以来，国务院总理首次到水利部检查指导工作。

李克强总理首先来到农村水利司，详细了解了农村饮水安全工程规划进展情况，得知当年部署的农村饮水安全任务已基本完成，他叮嘱大家，这项工作十分艰巨，要保质保量，让群众满意。他强调，对所有的民生工程，各级政府都要担起责任，狠抓落实，务见成效，兑现对人民的硬承诺。

看到各省签订的一摞摞“农村饮水安全工程建设责任书”，李克强总理说，责任书毕竟只是一张纸，关键是落到实处。饮水安全任务是否完成，不光要看水利部门数据，还要让第三方评估，切实防止数据造假。任务是否完成，老百姓说了算！

看到水利部展示的对比鲜明的两桶水：一桶浑浊的黄汤水，是湖南益阳中鱼口乡百姓过去喝的铁锰超标水，旁边一桶清澈透亮，则是实施农村饮水安全工程后，乡亲们喝的干净水。李克强总理说，农村饮水安全工程是攻坚战，更是保卫战，要确保百姓今后一直喝上放心水。

“让百姓喝上干净水是最基本的民生保障，也事关政府公信力，是不可推卸的责任！”站在水利部农村饮水安全工程进度表前，李克强总理强调，今年的《政府工作报告》提出再解决6000万人饮水安全问题，这是对全国人民的硬承诺，必须保质保量按时完成，决不打折扣。

在全球70多亿人口中，至今超过10亿人缺乏清洁的生活用水。联合国前秘书长安南曾呼吁：“获得安全饮水是人类的基本需要和基本人权。污染过的水损害了人们的身体健康和社会健康，是对人类尊严的侮辱。”

在中国这样一个拥有13多亿人口的发展中国家，占全国总人口72.5%的广袤农村地区，长期处在饮水安全内核的边缘。一些地方，村民挑水、驮水得走几公里、十几公里的崎岖山路；一些地方，由于世代喝有害物质严重超标的水或被污染过的水，冒出了许多“怪病村”“癌症村”；一些地方，姑娘长大远走高飞外嫁到有水的地方……

农村缺水问题已严重影响到中国未来的发展。解决好农村群众饮水安全问题，始终是中国政府不懈追求的目标。

在毛乌素沙漠干涸的躯体之上，一渠清水蜿蜒在沙海中。这条总长123.8公里的“生命大动脉”，就是国家“八五”重点工程，被称为“亚洲最大的人畜饮水工程”的盐环定扬黄工程。

12级泵站，穿戈壁、越沟壑，最高扬程651米，将甘甜的黄河水送到革命老区陕西定边、甘肃环县和宁夏盐池，解决了40万人、60万头牲畜的饮水困难问题，当地群众千百年来“靠天吃饭，靠天喝水”的生活一去不复返。

20世纪50—90年代，中国政府结合农田水利基本建设，以及蓄、引、提等灌溉工程建设，着力解决部分地区农民群众的饮水困难问题。并将解决农村饮水困难问题正式纳入政府规划，通过财政资金和以工代赈等渠道进一步增加投入，支持各地解决农村饮水困难。在新中国成立50年时，全国共建成各类农村供水工程300多万处，累计解决了2.16亿人的饮水困难。

2000年，联合国召开千年首脑会议，各国首脑郑重承诺：“在2015年底前，使无法得到或负担不起安全饮用水的人口比例降低一半。”又将2005年至2015年确定为“生命之水国际行动十年”。

中国政府向国际社会庄严承诺，在2015年前基本解决农村饮用水安全问题!

“向广大人民群众庄严承诺，不能把饮水不安全问题带入小康社会!”

“让人民群众喝上干净的水、呼吸清新的空气，有更好的工作和生活环境!”

“政府工作报告提出解决农村饮水安全的目标，我们说到就要做到!”

……

农村饮水安全工程面广量大、任务艰巨，必须充分考虑当地的自然、经济、社会、水资源等条件以及村镇发展需要，按照农村饮水安全工程建设与新农村和小城镇建设结合，统筹城乡，因地制宜，科学布局，规模发展的建设思路。

《全国农村饮水困难“十五”规划》《全国农村饮水安全工程“十一五”规划》《全国农村饮水安全工程“十二五”规划》相继实施。

全国4亿多饮水不安全农村人口列入规划，一场声势浩大的农村饮水安全攻坚战在广大的中国农村全面打响。

2004年底，随着6000万中国农村人口解决了饮水困难，中国农村饮水难的历史基本结束。2005年起，中国农村供水工作实现从“饮水解困”到

"饮水安全"的历史性转变。

2009年，中国提前6年实现了《联合国千年宣言》中提出的到2015年把饮水不安全人口减少一半的目标。

农村饮水安全工程让亿万农村居民得到了实惠，被广大干部群众誉为"德政工程""民心工程"。

2009年，总投资3亿元的山东潍坊安丘集中供水工程建成供水，一举解决了安丘五个乡镇街道以及部分城区共50万人的饮用水问题。

农村饮水安全工程是一项耗资巨大的民生工程。中央政府把实施饮水安全工程作为政府财政支持的重点领域和新农村建设的重点工程，不断加大中央预算内固定资产投资、中央财政专项资金、农业综合开发资金对农村饮水安全的投入力度。

2005年至2012年，中国农村饮水安全工程总投入达到1791亿元，其中中央财政累计投入1092亿元，地方政府和群众投资699亿元。以政府公共财政投资为主、受益农户投工投劳为辅的投入机制，极大地推动了饮水安全工程的顺利实施。

有了资金和政策的扶助，各地一改过去单点式、分散式的做法，实现了从水源保护、饮水工程到用水户的城乡统筹，规模化集中供水发展迅速。截至2013年底，累计建成集中供水工程37万多处，千吨万人规模以上集中供水人口增加到了2.7亿人。山东省潍坊、德州等地区在全国率先实现农村供水城市化，农村群众用上了和城市一样清洁的自来水，为促进新型城镇化和全面建成小康社会奠定了水利基础。

而在一些受地形地质和气候条件影响，人口居住特别分散、制水成本较高的地区，则采取以户为单位的分散式供水方式，遍布广大农村的130多万处分散供水工程，确保让每一个农村群众有水喝。

"人饮（嘛）工程（着）水上了山，甘露水润活了心田。清粼粼的泉水引到了家，干净卫生又解乏。"一根根铺设沟壑峁梁之间的管道，翻山越岭将甘甜的清水，送进黄土高坡上的农家院里。刚刚接通自来水、结束靠天吃水历史的甘肃省天水市张家川回族自治县农民难掩欣喜之情。

这是我国农村饮水安全工程建设加速推进过程中出现的一个生动场景。

喝上水、喝好水，这是亿万农村群众真切的期盼。要让人民群众长期喝上放心水，在工程建设中，水利部门要求各地坚持工程建设和水源保护“两同时”制度，做到“建一处工程，保护一处水源”，同时强化水质净化处理。

水利部门和卫生部门密切协作，加强水源可靠性论证和水源水质检验、水源保护和卫生防护工作，并出台了《关于进一步加强农村饮水安全工作的通知》，对水源保护、污染防治、运行管理、检测监测、应急机制提出明确要求，确保优质水源优先供生活饮用。

通过合理划定农村集中供水工程水源保护区，加强县级农村饮水安全工程水质检测能力建设，加快建立完善水厂自检、县域巡检、卫生行政监督相结合的水质管理体系，农村供水水质卫生合格率不断提高。

清洁卫生的自来水，使农村水性疾病的发生率和传播率大幅降低。自来水入户，使得许多农村家庭中用上了洗衣机、太阳能、淋浴器等现代化用水设备。农民的厨房、厕所、浴室的条件得到改善，从而带动了与水有关的生活习惯的改变。农民的生产生活条件、农村的卫生状况和环境状况得到了全方位的改善。

农村饮水安全工程，建好是基础，管好是关键，才能确保人民群众长受益。

水利部会同有关部门，就农村饮水安全工程建设与管理制定了《关于加强农村饮水安全工程建设和运行管理工作的通知》《农村饮水安全项目建设管理办法》《农村饮水安全项目建设资金管理办法》《关于进一步加强农村饮水安全工程水质保障工作的通知》等一系列政策及标准规范。

加强机构能力建设，推行建立各级农村饮水安全专管机构和供水管理员，加强农村饮水安全工程日常管理维护。成立以县为单位的农村饮水安全工程维修基金，基金实行专户存储，逐年积累，用于农村饮水安全工程日常维护和大修费。

一些地区采取公司化和协会管理模式，对城乡一体化的供水工程，由城市自来水公司统一管理；对单村供水工程，以乡镇或县为单元，成立供水协会进行管理。通过推行城乡水务一体化改革，将城乡自来水公司统一划归水务部门管理，像管理电网一样管理水网。

2011 年中央一号文件提出“制定支持农村饮水安全工程建设的用地政策，确保土地供应，对建设、运行给予税收优惠，供水用电执行居民生活或农业排灌用电价格”。

国家发展改革委、国土资源部、财政部、国家税务总局等部委相继出台《关于适当调整电价有关问题的通知》《关于农村饮水安全工程建设用地管理有关问题的通知》《关于支持农村饮水安全工程建设运营税收政策的通知》等农村饮水安全工程用电、用地和税收优惠政策，三项政策可降低 12%—15% 的农村饮水安全工程运行成本，仅“十二五”期间税收减免就超过了 80 亿元。

完善的管理体系和政策支持极大地促进了农村饮水安全工程的良性运行，也让广大农村百姓真正得到了实惠，取得了巨大的社会效益和经济效益，深受人民群众的欢迎。

截至 2015 年，全国共解决了 5. 2 亿农村居民和 4700 多万农村学校师生的饮水安全问题，其中，“十二五”期间，不仅全面解决了规划内 2. 98 亿农村居民和 4133 万农村学校师生的饮水安全问题，而且还解决了规划外新出现的 566. 6 万农村居民的饮水安全问题。全国农村集中式供水人口比例由 2010 年的 58% 提高到了 82%，农村自来水普及率达到 76%，农村供水保证程度和水质合格率均有大幅提高。

2014 年，中国科学院在对全国重大水利工程政策措施落实情况进行第三方评估时，认为农村饮水安全工程建设取得显著成效，数以亿计的农村居民从中受益，各利益攸关方相当满意，是国家许多重大惠民工程中最受农村居民欢迎的工程之一。

尽管我国饮水安全工作取得了很大成绩，但保障农村饮水安全是一项艰巨而长期的任务，随着群众对饮水安全要求的不断提高，解决和保障农村饮水安全依然任重而道远。

“十三五”期间，中国将根据国家经济社会总体发展目标任务，结合农村供水事业发展情况和要求，通过工程配套、改造、升级、联网，进一步提高全国农村集中式供水工程管理水平和保障程度；进一步深化农村供水工程管理体制改革，提高农村供水专业化管理程度，确保工程长期发挥效益。

特别是按照精准扶贫、精准脱贫的要求，聚焦中西部贫困地区，启动实施农村饮水安全巩固提升工程，对已建工程进行配套、改造、升级、联网，健全工程管理体制和运行机制，进一步提高农村集中供水率、自来水普及率、水质达标率和供水保证率。确保让广大人民群众喝上安全、洁净、放心的饮用水。

3. 从源头到“龙头”的全程监管

改革开放以来，我国城镇化经历了一个起点低、速度快的发展过程，取得了举世瞩目的成就。据统计，1978 年到2013 年，我国城市人口从1.7 亿增加到7.3 亿，城镇化率由17.9% 增长到53.7% 。京津冀、长三角、珠三角三大城市群，以2.8% 的国土面积集聚了18% 的人口，创造了36% 的国内生产总值，成为带动我国经济快速增长和参与国际经济合作与竞争的主要平台。

与此同时，我国传统粗放的城镇化模式也带来了一些环境问题，制约了经济社会的可持续发展。目前，传统的大气煤烟型污染尚未得到解决，PM2.5、臭氧等新型污染问题又接踵而至；城市水量型缺水问题依然存在，水质型缺水问题又进一步凸显；传统污染防治问题尚未得到彻底解决，民众对优质生态产品的需求与对环境健康的关注迅速上升，环境质量改善与市民预期尚有一定差距。

目前全国有400 多座城市缺水，其中110 座严重缺水。除了水少，水还在变“脏”。近些年来，由于水体污染，我国水质性缺水的城市数量呈上升趋势。

通俗讲，水质性缺水就是“水缸有水没法喝”，水缸中盛的是无法饮用的劣质水。因此，水量充足、水质稳定的良好水源是城市供水安全的首要保障。在这样的背景下，基于国情，我国提出了强调以人为本、注重生态文明的新型城镇化道路。其中，饮用水安全得到保障是新型城镇化建设的重要目标之一。

供水安全是一个系统的工程，它包括水量的充足性、水质的达标性和供水保障率的问题，它实际上是从水源到水厂到管网的整体安全以后它才安全，因为供水安全涉及每一个人的切身利益，所以这是国家安全的一个重要组成部分。实际上我国一直以来也在推进供水安全的管理，应该说，供水安全的体系还是处于不断完善的过程。但目前我国的供水安全总体情况跟公众的需求相比较还有一定的差距，有些城市依靠河流的供水，存在上游排污造成污染的隐患问题；有些城市还存在缺少备用水源的问题，一旦出现极端的干旱，抵抗这种风险的能力比较差；有些北方地区，依靠地下水的超采来保证供水；有些地方的水质还出现不断退化。这些问题都比较突出。

保障饮用水安全是保障和改善民生的基本任务。一旦发生水质污染，如何保证饮水安全？解决饮用水安全问题的根本在于确保饮用水水源地安全。在重要水源地，应加强监测，建立完善的预警系统。

浙江温州依水而建，全市共有大小河道1.4万条，河网总长度1.8万公里，有“江南水乡”之美称。位于温州市西南部的珊溪水库，树木葱茏，碧水盈盈。在水库下游，通过水质自动监测站和生态预警网箱，时刻监视着市区及周边县市区500多万人口“大水缸”的水质变化。而在两年前，这个年供水量7.3亿立方米的“大水缸”因为污染，水质从蓄水之初的一类下降到二至三类，枯水期还检测到四类，局部支流连续3年发生蓝藻异常增殖。

为确保水源安全，温州市大力开展珊溪水源保护综合整治，规划5年投入16.3亿元。据调查，库区最大的污染来自畜禽养殖，其污染贡献值占62%，为此，温州拆除养猪场2286户。将一二级水源保护区人口搬迁至集雨区以外，新建和改扩建7处城镇生活污水处理厂，建设300多套农村污水生态化治理工程，推行生活垃圾集中收集处置，在水库主要支流、河口实施湿地保护和生态恢复工程等。水源保护综合整治两年多来，直接减少入库污染物60%以上，主要入库支流水质恶化趋势得到遏制，污染最严重的黄坦坑溪水质从劣五类，提升为二至三类，蓝藻异常增殖现象基本消失。

同时，温州连续5年，每年投入2000万元转产转业专项扶持资金，维护水源保护成效。采取疏堵结合措施，大力扶持库区生态县建设。每年筹集1.45亿元，将库区群众的新型农村合作医疗保险，纳入生态补偿专项资金使用范围。

为建立长效机制，温州还积极探索“以水养水”市场化道路。每年整合筹集 8000 万元设立财政引导资金；在供水水价中设立水源保护治理费（前 5 年 0.3 元/立方米，后 10 年 0.5 元/立方米），通过听证等一系列程序，纳入水价成本。此外，还建立了水功能区水质达标评价体系和监测体系，考核结果与生态补偿挂钩；降低对固定资产投资考核要求，增加对库区保护工作的单独考核，并在库区乡镇成立巡查队伍。

温州的护水实践是近年来我国加强水源地保护的缩影。从 2006 年至今，我国共公布了三批 175 个全国重要饮用水水源地纳入国家重点监控范围，珊溪水库即是其中之一。目前，水库型水源地水质状况最好，地下水水源地水质相对稳定，河流型水源地水质较差且不稳定，湖泊型水源地水质状况最差。

2011 年开始，水利部组织开展了全国重要饮用水水源地安全保障达标建设，针对不同类型的水源地，实施“一源一策”达标建设，并组织流域机构开展检查评估，取得了明显效果。

目前全国以供水、灌溉为主的水库有 9.3 万多座，全国年总供水能力超过 7000 亿立方米，中等干旱年份可以基本保证城乡供水安全。

据 2010 年第一次水利普查结果，全国 1.16 万处集中供水水源地中，水质达标率为 89%。连续三年水质监测结果显示，全国 175 个重要饮用水水源地，水质达到或优于Ⅲ类的均在 95% 以上，而 2014 年这一数字达到 98.8%，全国水质达标率和供水保障程度大幅提高。

经过多年努力，全国主要江河湖泊局部水质有所改善。监测显示，2014 年全国重要水功能区主要控制指标达标率为 67.9%，较 2010 年提高了 6.7 个百分点。但是，水污染形势依然严峻，排污负荷较大的部分支流、城市河段及排污控制区污染问题尤为突出。

据水利部资料显示，目前全国仍有部分饮用水源保护区划分方案未获省级人民政府批复，特别是对跨行政区水源地，保护和受益主体不一致，保护责任和管理措施难以落实。水源地保护管理机制和能力有待完善提高，现行相关法律法规可操作性有待加强。随着城市发展、人口和排污越来越集中，水源保护面临更大压力。

水源、供水企业、二次供水是饮用水安全的三个关键环节。供水管网的“二次污染”也是影响城市供水质量的重要因素。即使水厂的出水水质合格，但在输水过程中，仍可能遭受“二次污染”的威胁。水源变差，就需要自来水水厂采取多种措施保障水质。

2010年以前，上海的供水主要依靠黄浦江、长江口陈行边滩两大集中水源地，其中黄浦江取水约占81%，是中心城水厂的主要水源地。随着上海城市供水需求的持续增长，因陈行水库容量偏小、抗咸能力低下，黄浦江水源又受到上游及沿岸污染的影响，这两大集中水源地的取水规模、水质已不能满足上海城市发展的需求。提高黄浦江水质，同时寻找新的水源地，成为上海解决供水安全问题的关键。

上海编制《黄浦江上游水源地规划》提出通过归并取水口、上游建设小型生态调蓄水库来改善黄浦江水质，并提高其应对突发性水污染事故的能力。同时，《上海供水系统专业规划》指出，上海城市水源的发展方向应逐步从内河向长江转移。在此背景下，长兴岛西北端的青草沙水库进入了人们的视线。一方面，青草沙地处长江口江心部位，不受陆域排污的干扰，水质优良；另一方面，青草沙有大片潮滩和潮汐通道可用，可最大化减轻咸潮的影响。

2011年，上海第二座江心蓄淡避咸型水库——崇明东风西沙水库工程正式开工，标志着上海“黄浦江上游、长江口陈行、青草沙、东风西沙”四大水源地战略格局初步形成，有效保证了上海供水免受上游水污染的影响，同时，在咸潮期“东西联动、南北互补、调压减淡”，最大化地化解咸潮危机。

为解决供水管网“二次污染”造成的“最后一公里”安全隐患，2012年7月1日起，我国开始强制实施新版的《生活饮用水卫生标准》，加强了对水质有机物、微生物和水质消毒等方面的要求，统一了城镇和农村饮用水卫生标准，基本实现了饮用水标准与国际接轨。其中，最大的变化就是检测指标从35项增加到了106项。这一标准被业界称为“堪比欧盟，甚至有些指标超过欧盟标准”。

由于从20世纪90年代后期，政府在供水领域投入不足，导致城镇自来水管网中，相当数量的不达标管网长期运行。

在106项强制标准下，各地都采取措施力求达标。如江西南昌水业公司投入1000多万元用于添置满足新国标需求的检测设备，经检测其出厂水质达标，但水里有异味难以饮用。有关部门发现，问题就出在二次供水管理和设备上。

放眼全国，尽管进行了大范围的管网改造，但仍有不少低质管网和超年限服役管网。在长期使用过程中，老旧水管易腐蚀、结垢，产生微生物细菌种子，与水中营养物发生反应，形成“二次污染”。

据业内调查，个别城市的供水设施使用年限已接近甚至超过50年，跑冒滴漏现象普遍。因管网老化或挖掘破坏而造成的爆管事故等也时有发生。在北京，老城区管网漏损率达15%至20%。由于市政供水管网压力不够，一些老旧小区六层以上的建筑都需要借助二次加压实现供水，有些二次供水水箱处于无人看管状态，常年未清洗、消毒或未盖加锁，影响了水质。

《全国城市饮用水安全保障规划（2006—2020年）》提出，到2020年，国家将全面改善设市城市和县级城镇的饮用水安全状况，建立起比较完善的饮用水安全保障体系。环境保护部曾先后启动了全国城市、城镇和乡镇集中式饮用水水源地基础环境状况调查工作，同时加大了饮用水水源地保护的执法监督力度。目前我国已有《重点流域水污染防治规划（2011—2015年）》《全国地下水污染防治规划（2011—2020年）》以及《水质较好湖泊生态环境保护总体规划（2013—2020年）》。

令人欣慰的是，2015年4月，《水污染防治行动计划》（即“水十条”）出台并组织实施，重点是保护饮用水水源地、水质较好湖泊等高功能水体，消灭劣Ⅴ类等污染严重水体，加强饮用水环境安全保障，开展集中式饮用水水源地和规划考核断面水质监测。

行动计划明确，到2020年，长江、黄河、珠江、松花江、淮河、海河、辽河等七大重点流域水质优良（达到或优于Ⅲ类）比例总体达到70%以上，地级及以上城市建成区黑臭水体均控制在10%以内，地级及以上城市集中式饮用水水源水质达到或优于Ⅲ类比例总体高于93%。

到2030年，全国七大重点流域水质优良比例总体达到75%以上，城市建成区黑臭水体总体得到消除，城市集中式饮用水水源水质达到或优于Ⅲ类比例总体为95%左右。

4. 拯救地下水

2014年2月26日，习近平总书记在专题听取京津冀协同发展工作汇报时指出，华北地区缺水问题本来就很严重，如果再不重视保护好涵养水源的森林、湖泊、湿地等生态空间，再继续超采地下水，自然报复的力度会更大。

人类可利用的水资源，除了奔腾不息的江河、星罗棋布的湖泊这些看得见的水源之外，最重要的就是深藏于地表下、我们看不见的地下水。

地下水是水资源的重要组成部分，是生态环境的主要控制性要素。根据全国水资源评价成果，全国水资源总量为28412亿立方米，其中，地表水资源量为27388亿立方米，地下水资源量为8218亿立方米，地表水资源量与地下水资源量之间的重复计算量7194亿立方米。全国山丘区地下水资源量为6770亿立方米，占全国的79%，绝大多数通过河川径流的形式排泄；平原区地下水资源量为1765亿立方米（含与山丘区重复计算量317亿立方米），占全国的21%。

在我国，由于地下水具有分布广、水质好、储存量大等特点，在很大程度上弥补了地表水时空分布不均、动态变化大的不足，成为许多地区，特别是北方地区不可缺少的重要供水水源。

随着人口不断增长和经济社会的快速发展，地下水对保障国家饮水安全、供水安全、粮食安全和经济安全，维系生态安全等方面具有重要意义。

自20世纪70年代初期我国开始大规模开采地下水以来，地下水开采量持续增加，已成为我国特别是北方地区主要供水水源。2011年，全国地下水供水量为1109.1亿立方米，其中北方地区占88.5%，南方地区占11.5%。地下水供水量占总供水量的18.2%，其中北方地区占35.5%。海河流域地下水供水量已占总供水量的63.8%。

据统计，地下水供给了我国北方地区65%的生活用水、50%的工业用水和33%的农田灌溉。全国660多个城市有400多个城市以地下水为主要供水水源，在华北和西北地区，城市供水量中地下水比例分别达到72%和66%，在部分城市地下水是唯一的供水水源。全国井灌面积占全国农田灌溉面积的40%左右。地下水还是我国重要抗旱应急水源和农村生活主要供水水源，在应对持续干旱、保障饮水安全、粮食安全方面发挥着举足轻重的作用。

地下水持续大规模开发在支撑经济社会快速发展的同时，也引发了一系列问题：

部分地区地下水超采严重，危及水资源可持续利用。全国以城市和农村井灌区为中心形成地下水超采区总面积为23万平方公里，大部分分布在北方地区，海河区、淮河区、黄河区和西北诸河区超采区面积占全国超采区总面积的83%；海河区地下水超采区面积最大，约占全国超采区面积的44%，其次是西北诸河区、淮河区和黄河区，分别占18%、16%和6%。全国平原区基准年地下水超采量157亿立方米。由于长期大规模超采地下水，黄淮海地区已成为我国地下水超采时间最长、超采面积最大、超采程度最高的地区。

地下水超采引发地面沉降、海水入侵、土地沙化等生态与环境问题。2009年有关部门调查与监测结果显示，全国累计地面沉降量超过200毫米的地区已达到7.9万平方公里，发生地面沉降的城市超过50个。上海、天津、太原沉降中心最大累计沉降量超过2米。全国海水入侵面积超过3000平方公里，造成地下水水质恶化，机井报废，大量农田减产甚至绝产。部分生态脆弱地区地下水超采造成植被退化、土地荒漠化。

地下水污染和破坏严重。全国197万平方公里平原区浅层地下水水质评价结果表明，Ⅳ、Ⅴ类水面积占评价总面积的63%，其中约有26%的Ⅳ、Ⅴ类水面积由人为污染引发，地下水污染呈现出由点到面、由城市向农村扩展的趋势。此外，部分地区大规模开发煤炭等矿产资源、疏干排放地下水，对地下水的破坏与污染问题也日益突出。

经济的发展、人口的激增以及城市化的进程，不仅使得地下水的数量在减少，质量也在逐渐变差，进一步加大了水资源安全保障的压力。据近十几年地下水水质变化情况的不完全统计分析发现，我国地下水污染正由点状、条带状向面上扩散，由浅层向深层渗透，由城市向周边蔓延。全国近20%的城市集中式地下水水源水质劣于Ⅲ类。部分城市饮用水水源水质超标因子除常规化学指标外，甚至出现了致癌、致畸、致突变污染指标。

由于地下水水文地质条件复杂，治理和修复难度大、成本高、周期长，一旦受到污染，所造成的环境与生态破坏往往难以逆转。当前，我国相当部分地下水污染源仍未得到有效控制、污染途径尚未根本切断，部分地区地下水污染程度仍在不断加重。

合理开发利用和保护地下水，关系子孙后代，关系国计民生。遏制地下水过度开采，首先要科学评价地下水含水系统的可开采量及其承载能力，并合理确定开采井和开采量的时空分布，通过法规、行政及经济等手段，对地下水的开发利用进行科学管理，以实现地下水资源的可持续利用。防控地下水污染，要转变传统经济增长方式，建立低消耗、低排放或零排放、低污染或无污染、高效益的经济增长方式。

按照中央新时期水利工作方针，水利部依法履行职能，加强地下水管理和保护，水利部、国家发展改革委、国土资源部等七部委联合编制的《全国水资源综合规划》，确立了今后包括地下水在内的水资源开发利用、保护目标、对策和措施，明确至2030年全国地下水年均开采量控制在937亿立方米以内，地下水压采量为246亿立方米。国务院还批复了国土资源部、水利部编制的《全国地面沉降防治规划》，规划确立了全国主要地面沉降区地下水超采治理目标和任务及对策措施。水利部还会同环境保护部编制了《全国地下水污染防治规划》，加强地下水水质保护和污染治理。

为解决地下水超采问题，近年来，水利部采取法律、行政、经济、工程等综合措施，积极推进地下水超采治理。为此，水利部专门印发了《关于加强地下水超采区水资源管理工作的意见》。按照水利部统一部署，全国16个省（自治区、直辖市）划定了地下水超采区，实行地下水限采与禁采。在北方地区，燃煤电站和高耗水工业全面实行禁止开发地下水；地下水超采区除必需的生活饮用水开发外，严禁工业、农业和服务业新增开采地下水。

通过实施大规模水源置换，压缩受水区地下水开采规模。江苏、上海、山东、辽宁、山西等省市地下水超采治理取得明显成效。苏州、无锡、常州地区全面禁采地下水，地下水超采区面积由5500平方公里减少到1600平方公里，地面沉降得到初步控制；山东省济南趵突泉连续10年实现复涌，复现泉城美景；莱州市以防治海水入侵为重点，开展水生态系统保护与修复试点工作，海水入侵面积5年内减少了33平方公里；辽宁省全面开展超采区禁采工作，2011年关停地下水取水工程636处，削减地下采量1.45亿立方米。

辽宁、新疆、江苏、山西、陕西等省区分别制定了地下水资源管理地方性法规。全面推行水资源论证制度和取水许可制度，严格限制新建改建和扩建项目取用地下水。北京、天津、山西、河北、江苏等省市每年都制定地下水年度开采计划，实行地下水开发利用总量控制。2000年至2011年，全国地下水开发利用量年均增幅不足0.2%，部分地区地下水开发实现零增长或负增长，地下水开发快速增长势头得到有效遏制。

2015年9月，北京市水务局发布消息，本市地下水位开始止跌回升，整体地下水储量增加了8000多万立方米，这是1999年以来的首次回升。自2014年11月起，北京市启动自备井置换工作，关停84眼自备井，每天置换地下水量达到了3.3万立方米，每年将减采地下水1200万立方米。而到2020年，城区所有自备井将全部关闭，将减采2.4亿立方米，北京市地下水将得以涵养。

加强重要饮用水水源地保护监管，防止地下水污染，我国开展地下水饮用水源保护区划定工作，依法划定饮用水水源保护区。禁止在饮用水水源保护区内设置排污口。核定并公布了三批共175个全国重要饮用水水源地名录，其中32个为地下水水源地。在地下水开发利用环节，加强取水井工程的监督管理，防止地下水污染。

截至2014年，全国水利系统已建成地下水监测站24515处，其中约10%的监测站可同时监测水质，初步建立全国地下水监测站网。水利部会同国土资源部还联合开展了《国家地下水监测工程》前期工作，拟新增国家级站点11000多处，国家地下水监测工程建成后，将全面提高地下水监测和预报预警能力。

华北平原也称黄淮海平原，西起太行山和伏牛山，东到黄海、渤海和山东丘陵，北依燕山，南到淮河，跨越河北、山东、河南、安徽、江苏、北京、天津等省市以及山西的局部地区，面积31万平方公里，是我国最大的地下水开采区。十余年来，通过实施限制用水、限制开采地下水和限制排污等最严格水资源管理制度，同时加大污染惩治力度，采取行政首长负责制，多部门之间协调治理等系列举措，地下水超采、水污染程度等已大有改观。

2014年，天津、河北、内蒙古、辽宁等14省市共压采地下水量6.05亿立方米。国务院批复南水北调东中线一期工程受水区地下水压采总体方案。组织受水区各省市加快落实总体方案，北京市2014年以来封井4216眼，压减地下水开采4.7亿立方米，其中利用引江水置换城区地下水近1亿立方米，部分地区水位大幅回升。通过全力推动河北地下水超采区综合治理试点，通过水源置换、种植结构调整、强化管理等措施，三年内试点地区将形成农业地下水压采能力7.6亿立方米。

5. 京津冀水安全破冰蓝图

2014年2月26日，习近平总书记在听取京津冀协同发展工作汇报时强调，实现京津冀协同发展是一个重大国家战略，要坚持优势互补、互利共赢、扎实推进，加快走出一条科学持续的协同发展路子。

京津冀一体化，包括北京市、天津市以及河北省的保定、唐山、石家庄、邯郸、邢台、衡水、沧州、秦皇岛、廊坊、张家口和承德，涉及京津和河北省11个地级市。区域面积约为21.6万平方公里，人口总数约为1.1亿人，以不到全国2.3%的国土面积和1%的水资源承载了全国8%的人口和11%的经济量。由于水资源严重短缺，加之长期对水资源的掠夺性开发，京津冀已成为我国水资源环境严重超载地区之一，面临着水资源短缺、水生态恶化、水污染严重等突出问题。

目前京津冀地区水资源开发程度高达109%，海河南系和冀中南地区水资源超采最为严重。按照现用水水平，京津冀平水年份生态环境用水年均赤字近90亿立方米，其中地下水68亿立方米，年均挤占河湖生态用水量15亿立方米，枯水年份挤占生态环境问题更加突出。

京津冀属于“资源型”缺水地区，也是我国缺水最严重的地区，这么少的水资源，要养活这么多的人口，又是中国经济发展的第三极，很多粮食主产区又在北方，面临的水资源的形势的确十分紧迫。在京津冀协同发展的大背景下，水利协同发展面临哪些难题和制约？

水利部有关负责人表示，“京津冀和我国很多缺水地区的现状告诉我们，当前必须转变用水方式，用生态文明建设理念、思路、方式、方法去解决目前面临的水资源、水生态、水环境等问题”。

2014年，水利部编制的《京津冀协同发展水利专项规划》（以下简称《规划》），对破解京津冀地区水资源瓶颈制约，修复水生态环境，保障区域水安全提出了新的思路和设想。

面对严重短缺的水资源形势，《规划》提出，要以水定地，以水资源环境承载能力为约束，协调好经济社会发展与生态环境保护的关系，在强化节水的基础上，统一配置生活、生产和生态用水。

根据分区水资源承载能力、存在问题和国土空间功能定位，《规划》将京津冀地区划分为燕山太行山区、山前平原区、中东部平原区、东部沿海带等“三区一带”。

燕山太行山区以水土保持和水源涵养保护为重点，严格产业准入制度，控制用水总量增长；调整产业种植结构，实施退耕还林还草；适当减少生产活动，加大水源地治理保护力度，涵养水量，提高水质，确保水源安全；加强中小河流和山洪灾害治理。

山前平原区重点通过构建山区水库—南水北调中线干线—骨干输水渠道为一体，覆盖中东部地区的水源配置体系，发挥对京津冀水源统筹调配作用，建设山前洪积扇地下水储备库；结合水源置换、调整优化供水结构，逐步退减超采地下水；调整与优化生产结构与布局，压缩灌溉面积；提高山前城市的防洪能力。

中东部平原区重点是通过南水北调东中线及引黄增加供水，提高水资源承载能力；综合治理地下水超采区，压缩灌溉面积；增加河道用水，恢复历史通道，治理水环境，修复白洋淀、衡水湖及永定河等重要河流廊道的生态；加强蓄滞洪区和骨干河道治理，提高防洪除涝能力。

东部沿海带重点是加强河口综合治理，加快海堤工程建设，保障沿海经济区和城市防洪防潮安全；加大海水淡化和直接利用力度，同时加强多水源联合调配，保障滨海区供水安全；恢复南大港、北大港、七里海等滨海湿地。

为合理配置水资源，规划提出，京津冀地区要加强需求管理，严格控制用水需求过快增长、合理调整用水结构与格局，采取有保有退的措施，使得用水需求与水资源承载能力相适应；以水资源承载能力为控制，按照优先使用外调水、加大污水处理回用及海水利用等非常规水源利用、控制使用地下水、合理利用地表水的原则，合理配置水资源、保障供水安全，同时，置换挤占生态环境用水。

按照以水定发展的要求，以京津冀地区水资源环境承载能力为约束，协调好经济社会发展与生态环境保护的关系，在强化节水的基础上，统一配置生活、生产和生态用水。

加快大中型灌区节水改造，大力推行高效节水灌溉，调整种植结构，在水资源过度开发区适当退减灌溉面积，推进农业节水。按照以水定产要求促进产业结构调整和合理布局，强化用水定额管理，加大沿海地区工业项目海水利用力度，加强企业用水计量与考核，推进工业节水。加快城市供水管网更新改造，推行节水型用水器具强制性标准和建立市场准入制度，加大污水处理和再生水利用，限制高尔夫、洗车等行业用水，推进服务业与生活节水。

在强化节水前提下，统筹协调京津冀水资源承载能力和协同发展空间布局，合理调配水资源，确保生活用水安全，保证城市用水需求，基本满足农业和生态用水需求；加强需求管理，严格控制用水需求过快增长、合理调整用水结构与格局，采取有保有退的措施，使得用水需求与水资源承载能力相适应；以水资源承载能力为控制，按照优先使用外调水、加大污水处理回用及海水利用等非常规水源利用、控制使用地下水、合理利用地表水的原则，合理配置水资源、保障供水安全，同时，置换挤占生态环境用水。

完善东中线一期配套工程，推进东中线后续工程规划论证与建设；加快引黄入冀补淀工程建设，通过白洋淀实现引黄工程与南水北调工程连通；加强南水北调工程、引黄工程、当地水源之间的互联互通，构建水资源统筹调配体系；按照海河流域规划，推进南水北调非受水区重要水源工程和供水工程建设，提高缺水地区城乡供水保障能力。

建立南水北调中线地下水源储备体系，在漳河、拒马河、永定河、潮白河等山前洪积扇建设地下水储备库系统；建设黄河应急调水通道。

按照全面保护、系统治理的思路，综合施策，构建水源量质双控、河流湿地有效沟通、地表地下水互为补给的京津冀地区水生态格局。

严格水功能区限制纳污红线管理，按照以水域定陆域、水陆统筹的要求，控制增量、减少存量、增加容量，以水功能区为单元，通过加强入河排污口整治，保护河流水生态环境，增强河湖水体流动性，削减点源污染物排放量，治理面源污染等措施开展水功能区达标建设，保障水质安全。

以纳入《全国重要饮用水水源地名录》的饮用水水源地为重点，按照水量保证、水质合格、监控完备、制度健全的要求，通过加强水源涵养，推进保护区划分，加强污染源综合整治，加强周边水生态保护，加强地下水水源地污染控制等措施，实现京津冀地区水源地全面达标目标。

根据南水北调中线受水区地下水压采规划，按照采补平衡、有序利用、良性循环、功能健康的要求，“控、蓄、养”相结合、工程措施和非工程措施相结合，通过置换地下水源、发展高效节水、调整产业结构、压减灌溉面积、回灌涵养保护等措施，开展地下水超采区综合治理，逐步修复地下水系统，恢复地下水位到适宜水平，提高地下水应急储备能力。

根据生态文明建设的要求，考虑水资源条件和区域经济社会发展水平等要素，以永定河、潮白河、滦河、大清河等河流为重点，通过合理调配水源保障重要河流生态用水、加强污水处理以及重点河段水体还清工程、沙化河段以绿代水工程、城市生态修复工程等措施，加强生态退化河流的生态修复与治理。

结合水源置换与调配工程建设、蓄滞洪区建设、污水处理还清等措施，保障湖泊湿地基本生态用水，扩大湖泊湿地面积。重点修复白洋淀、衡水湖等京津保过渡带湿地群，七里海、南大港、北大港等滨海湿地保护带的重要湿地，建设一批生态湿地公园，恢复湖泊湿地的滞纳洪水、涵养水源、改善水质、回补地下水、调节气候等功能。

随着城镇化加速推进，京津冀地区城镇化水平将达到70%—80%，水资源需求量将进一步扩大。

根据《规划》，到2020年，京津冀地区水资源利用效率显著提高，水源涵养保护能力显著增强，水资源超载局面得到基本控制；重要河湖生态功能逐步恢复，地下水基本实现采补平衡，水功能区水质明显改善，水生态环境恶化趋势得到基本遏制；现代水安全保障体系基本建成，防洪除涝减灾能力显著提高，应对风险能力显著提升；水资源协同治理、统筹调配与综合管控体系基本建立，初步实现利用高效、空间均衡、人水和谐的局面。

第六章

节水优先，不可逾越的“三条红线”

1. 史上最严格水资源管理制度

2015 年 9 月 28 日，水利部召开新闻通气会，发布 2014 年度实行最严格水资源管理制度的考核情况。数据显示，2014 年，全国用水总量 6095 亿立方米，能满足未来用水需求；重要水源地水质达标率 98.8%，饮用水水源总体安全；城市污水处理率达 90.2%，排放达标率不断提升……

这是 2012 年《国务院关于实行最严格水资源管理制度的意见》（国发〔2012〕3 号）实施以来，我国水资源管理取得的可喜成绩。

水是生命之源、生产之要、生态之基，解决好水资源问题是关系中华民族生存和发展的长远大计。人多水少、水资源时空分布不均是我国的基本国情和水情。特别是随着工业化、城镇化快速发展和全球气候变化影响加大，水资源短缺、水污染严重、水生态恶化等问题十分突出，已成为制约经济社会可持续发展的主要瓶颈。

我国是世界上最大的发展中国家，也是水资源短缺的国家，发展需求与水资源条件之间的矛盾十分突出。目前我国用水总量已经突破 6000 亿立方米，占水资源可开发利用量的 74%，但全国缺水量仍达 500 多亿立方米，近 2/3 城市不同程度存在缺水。当前我国正处于城镇化、工业化、农业现代化加快发展阶段，人口仍呈增长趋势，粮食主产区、城市和重要经济区、能源基地等用水增长较快，工程性、资源性、水质性缺水长期并存，加之受全球气候变化影响，水资源问题更加突出。解决水资源短缺矛盾，节水是根本性出路。

长期以来，我国用水方式粗放，用水浪费、排放超标、开发过度在一些区域和行业相当突出，传统经济发展方式付出的水资源和水环境代价过高，单位 GDP 用水量和万元工业增加值用水量高于发达国家水平和世界平均水平，部分流域水资源开发利用已接近或超过水资源承载能力。转变经济发展方式，必须转变用水方式。

长期以来，由于一些地方片面追求经济增长，对水资源和水环境缺乏有效保护，导致水生态环境持续恶化。一些地区将大量未经处理的污水直接排入水体，导致全国水功能区水质达标率仅为46%。一些地区河湖生态环境用水被大量挤占，造成河道断流、湖泊萎缩、生态退化。一些地区地下水超采严重，引发地面沉降、海水入侵等严重问题。这种状况如果不尽快加以改变，水资源难以承载，水环境难以承受，人与自然难以和谐，子孙后代可持续发展将受到严重影响。

解决我国日益复杂的水资源问题，实现水资源高效利用和有效保护，根本上要靠制度、靠政策、靠改革。

2011 年中央一号文件和中央水利工作会议，明确提出要把严格水资源管理作为加快转变经济发展方式的战略举措，把建设节水型社会作为建设资源节约型、环境友好型社会的重要内容。针对中央关于水资源管理的战略决策，2012 年国务院发布了《关于实行最严格水资源管理制度的意见》（以下简称《意见》），确立了水资源开发利用控制、用水效率控制和水功能区限制纳污“三条红线”以及阶段性控制目标。

水资源开发利用控制红线，就是从河流、湖泊中取水的时候，要设置一个最大限量，剩余的水必须用于维系河流自身生命。用水效率控制红线，顾名思义就是提高水的使用效率。受传统的用水习惯、落后的生产方式等影响，目前我国的用水效率远低于国际先进水平，用水浪费现象依然严重。为了节约资源、减少浪费，需要设置用水效率控制红线，促进产业结构调整，鼓励企业改进工艺，改变灌溉用水方式。水功能区限制纳污红线，是按照水功能区保护设定的水质目标，推算出河流或湖泊容纳污染物的最大容量，并按照这一容量，严格控制进入江河湖泊水体的污染物总量，维护良好的河流湖泊生态环境，实现碧水长流。

在水资源开发利用控制方面，《意见》按照保障合理用水需求、适度从紧控制的原则，在强化节水的前提下，提出，到2030年全国用水高峰时用水总量控制在7000亿立方米以内，这是未来20年我国水资源开发利用的刚性约束；在用水效率控制方面，《意见》按照高效用水、经济合理、技术可行的原则，提出到2030年用水效率达到或接近世界先进水平，万元工业增加值用水量降低到40立方米以下，农田灌溉水有效利用系数提高到0.6以上，这是实现2030年全国用水总量控制目标对用水效率提出的基本要求；在水功能区限制纳污方面，《意见》提出到2030年全国主要污染物入河湖总量控制在水功能区纳污能力范围之内，水功能区水质达标率提高到95%以上，这是实现入河污染物减排的基本目标。

不可逾越的“三条红线”，第一次把水资源管理提到了18亿亩耕地“红线”的高度。在最严格的水资源管理制度框架下，明确提出来对取用水总量已经达到或者超过控制指标的地区，要暂停审批建设项目的新增取水；对于取水总量接近控制指标的地区，就要限制审批新增取水；制定节水的强制性标准禁止出售不符合节水强制性标准的产品；对现状的排污量如果超出水功能区限制纳污总量的地区，要限制审批新增的取水，限制审批入河排污口。

同时要求将水资源开发利用和节约保护的主要指标纳入地方经济社会发展综合评价体系，县级以上人民政府的主要负责人要对本行政区域水资源管理和保护负总责，并制定和实施严格的考核和问责制度。

实行最严格水资源管理制度，全面贯穿了科学发展主题和加快转变经济发展方式主线，明确了严格水资源管理的重要抓手和着力点。在水资源配置方面，严格控制用水总量，着力解决水资源过度开发、盲目开发问题；在水资源利用方面，严格用水效率控制，不断提高用水效率和效益，遏制水资源粗放利用和用水浪费；在水资源保护方面，根据水域纳污容量，严格控制入河湖排污总量，加大水污染防治，保护水资源和环境。

实行最严格水资源管理制度四年来，全国31个省、自治区、直辖市出台了实行最严格水资源管理制度的意见及相关配套文件，全部建立了最严格水资源管理制度行政首长负责制，最严格水资源管理制度体系基本建立。

水利部将国务院确定的水资源开发利用控制、用水效率控制、水功能区限制纳污“三条红线”指标逐级分解到省、市、县三级行政区，开展53条跨省重要江河水量分配工作，其中25条已完成水量分配方案编制和技术审查，基本构建了全覆盖的水资源管理控制指标体系。

按照“以水定需、量水而行、因水制宜”的要求，出台《关于做好大型煤电基地开发规划水资源论证的意见》，重点对宁东煤电基地、成都天府新区等能源开发、城市建设、工业园区等规划开展水资源论证工作。严格东北节水增粮行动水资源论证，核减取水量3.99亿立方米、地下水井5.62万眼。

严格取水许可和水资源费征收使用管理，初步建成取水许可台账，全国有效取水许可证达41万套，涉及河道外许可取水4100亿立方米。

实施国家水资源监控能力建设项目，3年完成了90%的中央和流域建设任务及60%的省级建设任务，初步构建了取用水户、水功能区、省界断面三大监控体系和中央、流域、省三级水资源监控管理信息平台。

深化水资源管理体制机制创新，完善流域与区域相结合的水资源管理体制，推进基层水资源管理机构建设，全国80%的县级以上行政区实行城乡涉水事务一体化管理。

“我住长江头，君住长江尾。日日思君不见君，共饮长江水。”这是水资源流动性真实的写照。水资源的流动性使得水能够惠泽上下游、左右岸，给人们生活、生产提供了不可或缺的支撑。与此同时，流域内任何一个区域水资源出了问题，其他地区都可能受到影响，尤其处于河流上、中游的地区如果发生问题，后果更为严重。管理好流动的水资源，为各方百姓创造一个人水和谐的良好局面，各地政府及相关部门必须担负起各自的水资源管理责任。但受地方经济发展的驱动，水资源节约、保护的责任往往被忽视，“争抢水资源利益，推诿水资源责任”的现象时常见诸报端，在社会上造成了负面影响，水资源管理工作陷入被动。只有建立水资源管理责任制度，明确责任主体，规范责任主体对水资源开发利用、节约及保护等各种行为，在此基础上，按照“有权必有责，用权受监督”的理念，才能够切实建立责任追究制。

明确水资源管理责任，首先要明确政府的责任——县级以上地方人民政府主要负责人对本行政区域水资源管理和保护工作负总责，即水资源管理行政首长负责制。其次，明确各相关部门的责任。如水行政主管部门负责实施水资源的统一监督管理；环保部门负责控制污染；组织部门要将水资源管理约束性指标纳入干部考核体系；公安和纪检监察部门要严格执法，依法查处涉水违纪违法事件等。发展改革、财政、国土资源、住房城乡建设、监察、法制等部门按照职责分工，各司其职，密切配合，形成合力，共同做好最严格水资源管理制度的实施工作，才能形成全社会“管水”的良好局面。

考核具有显著的导向作用。在实行最严格的耕地保护制度过程中，为了保障18亿亩耕地红线，国家建立了耕地保护责任目标考核制度。耕地保护工作取得了明显成效，耕地减少过快的势头得到有效遏制，稳定在18亿亩以上，基本农田保护面积稳定在15.6亿亩以上，为保障国家粮食安全、经济发展和社会稳定发挥了重要作用。

鉴于水资源面临的严峻形势，最严格水资源管理比最严格耕地保护管理难度更大、任务更艰巨。而且，当前我国水量短缺、用水效率低下、水质污染、水生态恶化等水资源问题多年来一直未能有效解决，其中一个重要原因就是缺乏考核、缺乏责任追究与问责制度。为将最严格水资源管理制度落到实处，必须建立考核制度，将“三条红线”的四项指标按照分阶段目标进行考核，确立水资源的“硬取向”，进一步加大各级地方政府及相关部门对水资源管理的工作力度，促进水资源管理成效。

为进一步推动实行最严格水资源管理制度的落实，2013年，国务院出台《实行最严格水资源管理制度考核办法》，2014年，水利部等十部门联合印发了《实行最严格水资源管理制度考核工作实施方案》，无疑又给各地戴上了“紧箍咒”。

各地根据自身情况，也制订了相应的考核办法。除了包括国务院印发的《实行最严格水资源管理制度考核办法》中规定的用水总量、万元工业增加值用水量、农田灌溉水有效利用系数、重要水功能区水质达标率4项指标外，还增加了其他许多重要指标。例如河北省出台的考核办法中增加了地下水开采量指标，监测评估目标还包括万元GDP用水量、城市供水管网漏损率、饮用水水源地水质达标情况。

广西出台的考核办法提出，期末考核结果不合格的要向自治区人民政府做出书面报告并限期整改，整改期间暂停该区市建设项目新增取水和入河排污口审批，暂停该地区新增主要水污染物排放建设项目环评审批，不予受理相关建设项目的审批、核准和备案。

天津出台《天津市实行最严格水资源管理制度考核暂行办法》之后，相继出台考核暂行办法实施细则、考核实施方案等一系列规范性文件，探索建立了水资源管理和河道水生态环境管理行政首长负责制。各区县长、乡镇长们还有另外一个称呼，叫“河长”，顾名思义，就是负责河道水域的管理者，作为第一责任人对所辖河道水生态环境管理负总责。与考核挂钩后，地方政府对水管理的责任感提高了，水资源管理有了明显成效。目前，天津市主要河道水质达到V类及以上的长度比例由18.7%提高到25.8%，达到管理标准的河道长度比例由71%增加到87%，水质黑臭河道长度由184公里减少到28公里。

用考核手段提升水资源管理水平的还有山东。山东将“建设项目水资源论证率”指标列入政绩考核，并规定“论证率达到100%得满分，否则不得分”。得益于这项措施，山东实现所有需要取水的建设项目水资源论证率达到90%以上，非农业重点取用水户计划用水实施率达到100%。

2014年，依据国务院《实行最严格水资源管理制度考核办法》，国务院九部门组成考核工作组，在地方自查、资料核查的基础上，对全国30个省级行政区（新疆除外）进行了现场抽查，全面完成了2014年度考核工作，考核结果经国务院批复后由考核工作组向社会公告，并转送中组部作为省级政府主要负责人和领导班子综合考评的重要依据。

考核结果显示，参与考核的30个省级行政区（新疆除外）2014年四项考核指标均达到年度控制目标，用水总量为5513亿立方米，比上年减少近83亿立方米；万元工业增加值用水量比2010年下降31.9%，降幅比上年扩大7.5个百分点；农田灌溉水有效利用系数为0.531，比上年提高0.007；重要江河湖泊水功能区水质达标率为67.5%，比上年提高4.5%。

通过实施最严格水资源管理制度，2014年全国用水总量为6095亿立方米，在年度控制目标之内。预测到2030年全国用水高峰时，用水总量可以控制在7000亿立方米以内。

目前全国以供水、灌溉为主的水库有9.3万多座，总供水能力超过7000亿立方米，中等干旱年份可以基本保证城乡供水安全。

通过发展节水灌溉，我国农业灌溉用水总量连续多年实现微增长；推进工业节水，2014年万元工业增加值用水量为59.5立方米，较2010年下降32%；完成100个国家级节水试点建设，每年节水量约300亿立方米。

监测显示，2014年全国重要水功能区主要控制指标达标率为67.9%，较2010年提高了6.7个百分点。全国设市城市污水处理厂达1797座，城市污水处理厂累计处理污水382.7亿立方米，同比提高5.9%，城市污水处理率达到90.2%。

同时，最近几年，石油炼化、钢铁、纺织、印染、造纸等涉水高排放行业的排放标准不断加严，污水处理厂出水标准正在修订，高浓度污水的时代渐行渐远。

但我国基本水情特殊、水资源供需矛盾突出、水生态环境容量有限，实行最严格的水资源管理制度，加强水资源节约保护，是一项长期而艰巨的战略任务。

党的十八届五中全会通过的《中共中央关于制定国民经济和社会发展第十三个五年规划的建议》明确提出，“实行最严格的水资源管理制度，以水定产、以水定城，建设节水型社会。”对水资源管理工作提出了更高要求。

随着工业化、城镇化快速推进和全球气候变化影响加剧，未来我国面临的水问题将更趋复杂，传统的水利发展方式已经难以适应新形势、新任务和新要求。水利部明确提出，推进水治理体系和治理能力现代化，必须实行最严格的水资源管理制度，加快实现从供水管理向需水管理转变，从粗放用水方式向高效用水方式转变，从过度开发水资源向主动保护水资源转变，切实把绿色发展理念融入水资源开发、利用、治理、配置、节约、保护各个领域。

2. 节水型社会建设10年艰辛路

依赖于黄河的灌溉之利，大河套地区黄河自流灌溉区自古就是水草丰美的牧场和物产丰饶的大粮仓，所谓“天下黄河富宁夏”，成就了宁夏平原“塞上江南”的美誉。然而，由于宁夏地处西北内陆，三面环沙，全区干旱和半干旱地区面积占总面积的75%以上，全区多年平均降水量为289毫米，水面蒸发量为1250毫米，当地水资源总量为11.63亿立方米，按照联合国提出的水资源丰歉标准，宁夏属于重度缺水地区，重度缺水和自然地理地带分区造成了水资源的空间分布不均，成为制约宁夏经济社会发展的关键性因素之一。

面对日益严峻的水问题，如何打破经济和社会发展中的水困局，2006年5月，国家发改委和水利部联合批复了《宁夏节水型社会建设规划》，宁夏成为我国首个节水型社会试点省区。

10年来，宁夏通过实施一系列综合节水措施，节水效益实现了逐年提高。在耗用黄河水连年不超过国家控制指标的情况下，2005年至2012年7年间取水总量减少了5.7亿立方米，基本满足了上下游、左右岸均衡用水，各行业协调用水，极大地缓解了用水矛盾。农业灌溉方式由大水漫灌向滴灌、喷灌等高效灌溉方式改变。工业用水重复利用率提高到85%，节水型企业覆盖率达到12%，重点行业火电、煤化工用水效率达到国家先进水平，50%的大型企业建成节水型企业。2013年2月，水利部、国家节约用水办公室授予宁夏“全国节水型社会建设示范区”称号。

宁夏节水型社会建设试点的成功实践，只是全国节水型社会建设的一个缩影。但是我国水资源短缺的现状并不会因为时间的流转而有大的改观，反而会随着发展不断推进，供需矛盾会更为突出，用水方式转型也会显得更为紧迫，建设节水型社会的道路依然任重道远。

节水型社会指人们在生活和生产过程中，对水资源的节约和保护意识得到了极大提高，并贯穿于水资源开发利用的各个环节。在政府、用水单位和公众的参与下，以完备的管理体制、运行机制和法律体系为保障，通过法律、行政、经济、技术和工程等措施，结合社会经济结构的调整，实现全社会的合理用水和高效益用水。

节水型社会建设的核心就是通过体制创新和制度建设，建立起以水权管理为核心的水资源管理制度体系、与水资源承载能力相协调的经济结构体系、与水资源优化配置相适应的水利工程体系；形成政府调控、市场引导、公众参与的节水型社会管理体系，形成以经济手段为主的节水机制，树立自觉节水意识及其行为的社会风尚，切实转变全社会对水资源的粗放利用方式，促进人与水和谐相处，改善生态环境，实现水资源可持续利用，保障国民经济和社会的可持续发展。

节水型社会这一名词最早出现在2002年8月29日第九届全国人民代表大会常务委员会第二十九次会议修订通过的《中华人民共和国水法》（以下简称《水法》）中。《水法》总则第八条规定，“国家厉行节约用水，大力推行节约用水措施，推广节约用水新技术、新工艺，发展节水型工业、农业和服务业，建立节水型社会”。同年，水利部在甘肃省张掖市率先进行了全国第一家节水型社会建设试点工作，紧接着在2002年10月，水利部在张掖市召开了全国节水型社会建设动员大会，对节水型社会建设进行部署。

2004年11月，水利部正式启动了南水北调东中线受水区节水型社会建设试点工作。

2006年5月，国家发改委和水利部联合批复了《宁夏节水型社会建设规划》。

2006年，水利部启动实施了全国第二批30个国家级节水型社会建设试点，这些不同类型的新试点建设内容各有侧重，通过示范和带动，深入推动了全国节水型社会建设工作。

2007年1月，国家发改委、水利部和建设部联合批复了《全国“十一五”节水型社会建设规划》。

2008年6月，水利部启动实施了全国第三批40个国家级节水型社会建设试点。

2010年7月，水利部启动实施了全国第四批18个国家级节水型社会建设试点。

2012年，水利部印发的《节水型社会建设“十二五”规划》提出，到2015年，节水型社会建设取得显著成效，水资源利用效率和效益大幅度提高，用水结构进一步优化，用水方式得到切实转变，最严格的水资源管理制度框架以及水资源合理配置、高效利用与有效保护体系基本建立。全国用水总量控制在6350亿立方米以内，全国万元GDP用水量降低到105立方米以下，比 2010 年下降 30%；农田灌溉水有效利用系数提高到 0.53，农业灌溉用水总量基本不增长；万元工业增加值用水量降低到 63 立方米，比 2010 年降低 30% 以上；全国设市城市供水管网平均漏损率不超过 18%；海水淡化、再生水利用、雨水集蓄利用、矿井水利用等非常规水源利用年替代新鲜淡水量达到 100 亿立方米以上。

2012 年，国务院出台的《关于实行最严格水资源管理制度的意见》再次对全面推进节水型社会建设做出部署：

——全面加强节约用水管理。各级人民政府要切实履行推进节水型社会建设的责任，把节约用水贯穿于经济社会发展和群众生活生产全过程，建立健全有利于节约用水的体制和机制。稳步推进水价改革。各项引水、调水、取水、供用水工程建设必须首先考虑节水要求。水资源短缺、生态脆弱地区要严格控制城市规模过度扩张，限制高耗水工业项目建设和高耗水服务业发展，遏制农业粗放用水。

——强化用水定额管理。加快制定高耗水工业和服务业用水定额国家标准。各省、自治区、直辖市人民政府要根据用水效率控制红线确定的目标，及时组织修订本行政区域内各行业用水定额。对纳入取水许可管理的单位和其他用水大户实行计划用水管理，建立用水单位重点监控名录，强化用水监控管理。新建、扩建和改建建设项目应制订节水措施方案，保证节水设施与主体工程同时设计、同时施工、同时投产（即“三同时”制度），对违反“三同时”制度的，由县级以上地方人民政府有关部门或者流域管理机构责令停止取用水并限期整改。

——加快推进节水技术改造。制定节水强制性标准，逐步实行用水产品用水效率标识管理，禁止生产和销售不符合节水强制性标准的产品。加大农业节水力度，完善和落实节水灌溉的产业支持、技术服务、财政补贴等政策措施，大力发展管道输水、喷灌、微灌等高效节水灌溉。加大工业节水技术改造，建设工业节水示范工程。充分考虑不同工业行业和工业企业的用水状况和节水潜力，合理确定节水目标。有关部门要抓紧制定并公布落后的、耗水量高的用水工艺、设备和产品淘汰名录。加大城市生活节水工作力度，开展节水示范工作，逐步淘汰公共建筑中不符合节水标准的用水设备及产品，大力推广使用生活节水器具，着力降低供水管网漏损率。鼓励并积极发展污水处理回用、雨水和微咸水开发利用、海水淡化和直接利用等非常规水源开发利用。加快城市污水处理回用管网建设，逐步提高城市污水处理回用比例。非常规水源开发利用纳入水资源统一配置。

国家层面的强力推进，引发了一场深刻的用水变革。特别是在一些缺水省区，制度建设成为节水型社会建设的核心。

天津作为拥有一千多万人口的特大城市，是全国缺水最严重的城市之一，人均水资源占有量为160立方米，仅相当于全国人均水平的十五分之一。2002年，天津市率先出台了全国第一部地方性节水法规——《天津市节约用水条例》，并先后颁布了《天津市建设项目用水计划管理规定》《水利工程供水价格管理办法》等17项地方性法规。

宁夏相继出台了《宁夏回族自治区节水用水条例》《宁夏回族自治区取水许可和水资源费征收管理实施办法》《宁夏回族自治区节水型社会建设管理办法》等一系列地方性节水法规，明确政府主体地位，全区形成了以政府为主导的区、市、县三级共抓的工作格局，并逐步形成和完善水政联合执法和用水总量控制，农业、工业、城镇生活节水，水环境保护，节水型载体建设等为主要内容的严格的目标考核机制，纳入政府效能考核体系。河南省启动了全省节约用水规划编制工作；内蒙古自治区水利厅会同有关部门编制了全区用水总量控制指标。一系列举措健全了管理机制，完善了节水法规建设。

山西之长在于煤，之短在于水。全省人均占有水资源量仅381立方米，属于水资源短缺程度最严重的省份之一。2012年，《山西省节约用水条例》颁布，强化了节约用水的政府责任，明确各级人民政府有责任统筹城乡节约用水工作，并将其纳入国民经济和社会发展规划。要求山西各级政府在经济发展布局中，限制高耗水工业项目建设和高耗水服务业发展，限制农业粗放用水。工业企业用水需采取循环利用、综合利用等措施，提高水的重复利用率。明确政府根据当地水资源状况和经济社会发展水平，按照补偿成本、合理收益、优质优价、公平负担的原则和定价权限合理调整水价，实行分类分质定价和阶梯式水价。

资源性重度缺水城市——北京，陆续制定发布了《北京市节约用水办法》《北京市自建设施供水管理办法》等地方法规和《关于严格执行<节水型生活用水器具>标准加快淘汰非节水型生活用水器具的通知》等地方规章和《高尔夫球场取水定额》《滑雪场取水定额》地方标准等规范性文件10余部，初步建立了节水法规体系。

丰水地区的江苏在2015年向江苏省十二届人大常委会提交了《江苏省节约用水条例（草案)》，明确江苏省实行区域用水总量控制制度，并制定地方行业用水定额。计划用水用户超计划用水的，按累进加价原则征收1到5倍的超计划加价水资源费；超计划30%以上的，应当及时进行水平衡测试和用水审计，并限期整改存在的问题。要求年取用地表水10万立方米以上的建设项目，要进行节水评估，并配套建设节水设施，节水设施要与主体工程同时设计、同时施工、同时投入使用，竣工验收时应当有水行政主管部门参加……

在节水型社会建设制度体系中，节水型生活用水器具推广是一个重要的组成部分。从2005年开始，北京市怀柔区每年都把为群众更换节水型生活器具列为当年“区政府直接关系群众生活方面拟办的重要实事”之一，从管理部门责任明确、前期调查统计、换装计划制定，到招标程序实施、施工组织、资金管理，再到后期监督和用户回访等环节，形成了一套较成熟的体系，为节水型生活用水器具的推广，建立了一套较完整的管理制度。

经济社会用水过程包括水源、制水、输水、用水、排水、污水处理及其回用等多个环节，只有实行涉水事务一体化管理，才能切实实现水资源的优化配置，促进节水型社会建设。水务一体化管理对优化水资源配置、提高用水效率、缓解用水供需矛盾起到了积极作用。

河南省安阳市的水源建设与城区供水脱节，常常是城区地下水超采，而水源工程却又找不到合适的供水对象，人为加剧了水资源紧缺程度和对生态环境的破坏。水资源管理权属统一后，水行政主管部门合理配置水资源，引彰武南海水库的水进入市区，同时逐步封闭关停市区自备井。这一措施，不但解决了供用水矛盾，而且保护了城区地下水资源，使有限的水资源和现有的水工程发挥出最大的综合效益。

而在北京市大兴区庞各庄镇南李渠村，水务管理体系建设，特别是基层水务服务体系建设，在节水主体——农民中间发挥了积极作用，在水务部门指导下，南李渠村成立了农民用水户协会，实行群众参与式管理。据协会负责人介绍，自从成立了用水协会，群众的节水意识增强了。现在全村家家都装上了水表，无论是生活用水还是农业用水，全部凭卡使用。

纵观全国各地，天津改变政出多门的管理模式，实行集中统一的管理体制，建立起以市、区县、街道办事处和市、行业系统、企业（单位）两个三级城市节水管理网络；河北省 11 个设区市全部依法实现城乡水资源统一规划、统一配置、统一取水许可、统一水资源费征收管理；北京建立健全四级水务管理体系，水务服务覆盖千家万户、田间地头……

各地区改革水利管理体制，组建水务局，整合水利、供水、排水三大行业，实现了涉水事务统一管理，为节水型社会建设提供了体制保障。

科技发展催生节水新工艺、新技术。作为水资源开源增量技术，海水淡化成为沿海城市解决水资源短缺的趋势。天津石化百万吨乙烯项目是我国首个完全利用淡化海水的大型乙烯项目，项目所用淡水产自天津大港新泉海水淡化有限公司，而大港新泉所用的海水，又来自大港发电厂冷却发电机组排出的升温海水。海水流过这 3 家企业，实现了电厂与海水淡化厂、海水淡化厂与石化企业间的“牵手”。据了解，项目 60% 以上的工业用水来自海水淡化，其余部分则由凝结水和污水回用补充，整个项目工业水的重复利用率达到 98% 以上。

在山西省阳泉市，回用矿井水已成为当地国有煤炭企业的共识。阳泉人均水资源量不足全国水平的 1/5，而每年因采煤排出的矿井水却达 4 亿多立方米。矿井生产过程中抽出的矿井水，过去往往是白流掉的。不但造成了水资源的巨大浪费，还带来了严重的污染问题。现在，煤炭企业通过过滤、净化，除满足洗煤、发电、制砖工业用水外，还用于井下的防尘洒水和地面绿化灌溉。

节水技术和工艺的不断推广，使各地用水效率不断提高，涌现出一大批节水典型。但要让节水更加被社会认同，还需要经济利益的引导。实践表明，无论是企业还是居民，对于价格的调整都相当敏感，他们或回收再用，或流程再造，千方百计地降低水耗，提高水的利用效率。

从2002年起，山东大幅度提高水资源费征收标准，平均由每立方米0.2元提高到0.6元，地表水最高0.8元，地下水最高1.8元。水资源费的调整对用水和节水起到非常大的调控作用。一些自来水公司停止开采地下水，改用水库中的地表水供水；一些企业关闭了地下水源，改用矿坑水、中水等非常规水源。

水价差价的调节作用，增强了全社会的节水意识，使有限的水资源得以发挥最大效益。在经济杠杆和利益导向引导下，水价调整、水权转让等市场经济手段成为流域各地促进水资源优化配置、节约和保护的重要手段。山西自2004年7月1日起按照不同用水行业，调整了地下水资源费征收标准。内蒙古自治区将“水的使用权可以有偿转让”写入地方性法规，通过转让部分农业用水权给电厂，取得了农业节水和经济发展的双赢。辽宁省积极推行水价改革，不断完善水价形成机制，同时鼓励工业企业通过投资灌区节水改造进行水权置换……

据水利部数据表明，10年来，通过100个国家级节水型社会试点建设，在用水结构优化、工程与技术体系建设、制度与机制完善和节水载体示范等方面进行了有益探索，发挥了引领带动作用，试点地区万元GDP用水量年均下降9%以上，远好于全国同期平均水平。

各地开展了200个省级试点建设，形成了一批可复制、可推广的经验，以点带面，推动将节约用水贯穿经济社会发展和群众生活生产全过程。

水利部制定发布的30项取水定额和节水技术规范国家标准，基本覆盖高耗水工业和服务业。发布工业节水工艺、技术、装备国家鼓励目录和高耗水工艺、技术、装备淘汰目录，引导工业企业应用先进节水技术工艺，淘汰落后用水技术工艺。

通过大力实施节水技术升级和系统改造，推动工业企业园区化发展，实现水资源集约节约利用，大力提高工业水循环利用率，黑龙江等5省2014年万元工业增加值用水量比2010年下降超过50%。生活服务业以节水器具推广为重点，加快城乡供水管网改造，60多个城市生活节水器具覆盖率达到90%以上。

随着节水型社会建设的加快推进，水是商品、节水有益、用水有偿的理念正逐步深入人心，节约用水成为用水受益户的内在需求。社会公众节水意识和参与意识明显提高，大多数家庭自觉实行“一水多用”，工业企业自觉投资进行节水工艺改造，农民积极采用节水技术，节水日逐渐成为蔚然成风的大众文化。

资源掣肘，节水突围。应对经济发展与水资源紧缺的矛盾，建设节水型社会，任重而道远。节水，并不能只是号召和动员而已。建立节水型社会，法规和制度的保证显然不可或缺。从全局和战略的高度，充分认识节水的重要性和紧迫性，切实发挥政府主导作用，以完善的法律法规和标准体系作为基本保障，越来越成为从中央到地方的共识。

“人人皆知滴水之贵，时时履行节水之约”的良好社会风尚正在全面形成。

3. 开启水权改革新里程

饮用、灌溉、生产……我们世世代代用水，不管是掘井取水、修渠引水，还是开塘蓄水、筑堤拦水，取用自如，无拘无束，也很少有人关心：水是谁的？

因为相对人类的用水量来说，水资源实在是太丰富了。但近几百年来，尤其是工业革命以来，随着经济社会快速发展，人类的用水量急剧增加，水资源短缺越来越成为一个世界性问题。而对于人均水资源量较低的我国来说，这一问题尤为严重。

明确水的权属、用制度倒逼节约用水已成为日益迫切的需要。水利部在多地开展试点的水权制度改革，就像土地可以分到农户一样，水资源也可以分下去，而不是一直喝“大锅水”。水权这个新事物，将开启一个用水的新时代，也将深刻改变我们的用水习惯和用水方式。

我国水资源总量居世界第六位，但人均水资源量只有世界平均水平的1/4，且水资源的时空分布严重不均。2009年，联合国发布《世界水资源发展报告：变化世界中的水》，中国被列为缺水严重国家。

或许认识上我们已了解水资源的珍贵，但行动上旧习难改，用水效率极低。目前，我国平均单方水 GDP 产出仅为世界平均水平的 1/4 左右，不足一些发达国家的 1/10；2011 年全国灌溉水利用系数仅为 0.51，与发达国家相距甚远；奢侈型用水的洗车、洗浴等行业蓬勃发展，全社会还没有形成节约用水的意识和习惯。

水权改革推动水资源的商品化、市场化，正是为了解决上述问题。改革的基本思路是在水资源所有权属于国家的基础上，把使用权分配到基层行政区域和微观用户。这与土地承包制类似，土地仍归集体所有，使用权则分给农户。

国家战略层面推动水权改革的努力起始于 2011 年。当年的中央一号文件专题聚焦水利改革发展问题，并提出建立用水总量控制制度。国务院发布的《关于实行最严格水资源管理制度的意见》，明确划定了到 2030 年全国用水 7000 亿立方米的总量红线。此后，在全国用水红线之下各地一直到县市，也划定了各自的用水红线，这可以说是把水权分下去的第一步，分到了各基层行政区域。

2014 年，水利部印发《关于开展水权试点工作的通知》，召开水权试点工作启动会，在 7 个省区开展不同类型的水权试点工作，力争用两到三年时间，在水资源使用权确权登记、水权交易流转、相关制度建设等方面取得突破，为全国层面推进水权改革提供经验借鉴。

各试点省份结合实际制定切实的改革方案，水权改革进入全面起步阶段。

作为我国第一个节水型社会试点地区甘肃张掖市，农民用水观念发生了巨大变化，节水已经成为他们的自觉行动。走进张掖市的每个农户，家里都有一本水权证，上面清清楚楚地记载着自家的用水量，这就是用水“高压线”。

“农民浇地时凭水权证购买水票，可以少用，但绝对无法超支。”高台县巷道镇红联村村委会主任许建文说。历来大水漫灌的“土豪”式用水，被一张小小的水票彻底扭转。

张掖市的节水革命，源自黑河下游不断恶化的生态环境。黑河是我国仅次于塔里木河的第二大内陆河，上游大部分在青海境内；中游在张掖市境内，集中了黑河流域 95% 的耕地、91% 的人口、83% 的用水量和 89% 的国内生产总值，曾以5%的耕地向甘肃提供了35%的商品粮；下游大部分在内蒙古额济纳旗境内，多为沙漠戈壁，是黑河径流的消失区，终点是居延海。因为气候变化和中游的大量用水，从20世纪50年代起，黑河下游就开始断流，21世纪初，年断流达到200天。频繁断流的结果是东、西居延海先后干涸，额济纳旗生态迅速恶化，沦为北方主要沙尘暴策源地之一。

面对急剧恶化的形势，2001年8月，国务院决定向黑河下游分水：当黑河上游来水量达到正常年份的15.8亿立方米时，地处中游的张掖市要保证向下游增泄2.55亿立方米，使总下泄量达到9.5亿立方米的分水目标。同年，水利部正式将张掖市确定为我国第一个节水型社会试点地区。

这个分水计划意味着按照原来的用水方式，张掖将有60万亩现有耕地得不到浇灌。怎么办？张掖市逐步探索出了一套以水权为核心、以水票为载体的生态节水新路子。要确保向下游分水，首先就要在中游节水。黑河中游90%的水用在农业灌溉上，因此农业节水是关键。

如何改变农民群众长期以来形成的大水漫灌的用水习惯和粗放的耕作方式？张掖市在水权制度建设方面寻求突破，在国内率先建立了以水权制度为核心的水资源管理体系，这个水权包括使用权、经营权、转让权等。

张掖市采用了两套指标体系作为支撑。一套指标体系为水资源的宏观控制体系，即在现有水资源总量26亿多立方米的基础上，削减5.8亿立方米的黑河引水量，保证正常年份黑河向下游输水9.5亿立方米。其余水量，作为张掖市总的可用水量，也就是全市的水权总量，由政府进行总量控制，不得超标使用。另一套指标体系为定额管理体系。张掖市将可利用的水资源量，逐级分配到各县区、乡镇、村社、用水户（企业）和国民经济各部门，确定各级水权，实行以水定产业、以水定结构、以水定规模、以水定灌溉面积，核定单位产品、人口、灌溉面积的用水定额和基本水价。

现在张掖每个农户都有一本水权证，农民分配到水权后便可按照水权证标明的水量购买水票。先买水票后浇水，水过账清，公开透明。对用不完的水票，农民可通过水市场出售，进行水权交易。

高台县南华镇小海子村七社村民陈建荣家里目前有25亩地。陈建荣说，和以前相比，现在耕地面积有所减少，但是减地没有减收入。“过去大水漫灌的时候，对土地基本上不精耕细作，粗放式种植，耗水耗地还不增收。”开始节水后，陈建荣不得不以水定产业，以水调结构。家里的25亩耕地，陈建荣一部分用来进行杂交玉米制种，一部分用来建设日光温室。“都是围绕节水搞种植，搞调整。”陈建荣说，日光温室蔬菜比大田作物效益好，收入也就上去了。

在张掖，不少农民像陈建荣一样，水权改革后种植结构需要调整，当地政府顺势而为，帮助农民搞节水灌溉，调整种植结构，发展高效农业，努力使农业节水与农民增收两不误。

在政府建立水权制度的同时，民间水资源管理也在行动，其主体就是农民用水者协会。目前张掖市已成立农民用水者协会768个。协会由农民自发成立，架起了农民和政府间的桥梁。通过农民用水者协会，用水户参与灌溉管理，将灌溉工程的使用权、管理权和用水的决策权交给农民。在实际工作中，按用水户的要求，协会还合理编制灌溉计划，使农户有次序地进行灌溉，避免水事纠纷。由于用水者协会的管理、协调，当地用水透明、公平，农民自觉采取平田整地、大改小、浅浇快轮等多种节水措施，或者调整种植业结构，种植低耗水作物，促进了节约用水、精耕细作和结构调整。

以水权定水资源，以水票定用水量，以农民用水者协会进行民主管理，张掖市创建了“水管单位+农民用水者协会+水票”的水权配置与流转运行模式，有效破解了农业节水难题。以前在张掖农村长期存在的“三多三少”现象，即农渠上游农田浇水多，下游浇水少；村里势力大的农户浇水多，势力小的浇水少；大水漫灌浪费现象多，节约用水按需浇水少。如今，这些现象已绝迹。

黑河下游的生态环境也逐渐改善。据介绍，黑河已经连续12年完成了水量调度任务，累计向下游输水120.91亿立方米，占下游来水总量的57.5%，东居延海已连续9年不干涸，最大水域面积达45平方公里。

2003年，内蒙古自治区在水利部的支持下，开始了黄河流域水权转换试点。10余年来，通过探索水权有偿转换，内蒙古初步形成了以工业发展反哺农业，以农业节水支持工业，经济社会、资源环境协调发展的良性运行机制。

1987年，在黄河断流加剧、沿黄各省区争水频发的背景下，国务院制定了“八七分水方案”，根据此方案，内蒙古每年分得58.6亿立方米黄河水。按照当时的经济社会发展情况，在自治区内部，河套灌区（现位于巴彦淖尔市）因其农业地位，分得了引黄总水量的近八成。

进入新世纪后，内蒙古西部地区特别是鄂尔多斯市，由于其煤炭、天然气等资源丰富，被国家列为能源化工基地，一时间大型煤炭开采和煤化工企业排队上马。然而，出现了一个要命的“卡脖子”问题——鄂尔多斯没有富余的水指标。

一边是大批新企业排队上马，一边是无水指标可用，在这样的矛盾情境下，水权转让就是盘活存量的一步好棋。

这里的“水权”指水资源的使用权，简单地说，水权转让就是先由企业投资建设农业节水改造工程，主要包括灌溉水渠的防渗和硬化处理，以及喷灌、微灌等节水设施，以此取得节水成效后，节约的部分水量可转让给用水企业。鄂尔多斯就在这样的思路下开展了市内水权转换工作，该市一期水权转换工作可划分为两个阶段：“点对点”和“点对面”。“点对点”即一个企业对应一个地块或渠道搞节水工程；“点对面”即由政府统一组织进行前期工作和工程建设，再把省出来的水权“卖”给企业。

截至目前，鄂尔多斯市通过这种方式给35个工业项目配给了用水指标，使其能够上马。与此同时，鄂尔多斯市杭锦旗的黄河南岸灌区变化明显，干渠得到修护，跑冒滴漏大大减少，渠道两边地里的盐碱也不见了踪影，灌区现代化水平和管理水平都大大提升。

随着内蒙古经济社会发展和京津冀地区对能源需求的加大，沿黄工业项目需水大幅度增加。仅鄂尔多斯市目前因无水指标而无法开展前期工作的项目就有200余个，需水达5亿立方米左右，但在鄂尔多斯市内，通过前期水权转换后，节水的潜力已经不大。

与鄂尔多斯隔黄河相望的河套灌区，由于水资源丰富和长久以来的耕作习惯，农民节水意识较弱，大水漫灌的现象仍比较普遍。灌溉水利用系数不足0.4，用水浪费严重。跨行政区的市市间水权转让成为发展的需要。

据测算，河套灌区节水潜力在10亿立方米左右。除去补还往年的超用水量和生态用水，真正转让潜力在4亿到5亿立方米。从市内到市间的水权转让，是一个经验探索的升级过程。目前，市间水权转让工作已经启动。一期试点的河套灌区沈乌灌域的节水改造工程在2014年开工建设，工程总投资约18亿元，总节水量2.2亿立方米，其中转让水量1.2亿立方米。按照规划，此后还有两期工程，共可转让水权3.6亿立方米。

尽管内蒙古水权转让试点了10余年，但由于水权的持有者实际上是基层政府，没有分配到更微观的用水户身上，所以水权还只是政府部门深度参与背景下的转让，要真正实现交易和建立水权市场，还需要进一步探索。

2014年，内蒙古被列为全国水权试点省区，进一步的水权改革已经启动。基层一些用水户协会表示，现在节水的效益还只是体现在水费上，农民直观感受有限。如果将来能将水权指标进一步细化，下放到协会甚至用水户，那么农民节水会更加积极主动。鄂尔多斯市准格尔旗一家能源企业的负责人介绍，目前企业为了上马项目投资节水工程，都属于被动节水。如果未来富余的水权指标可以流转交易，有效益可图，企业节水将更有动力，甚至会有社会资本专门来做这个事情。

显然，进一步明晰水权，建立水权市场，是用水户的普遍期待，而改革也正在朝着这个方向推进。2014年，内蒙古水权收储转让中心正式成立，使水权市场和水权交易有了重要依托。未来，内蒙古将通过这个平台，对行业、企业、协会、农户的结余水权进行收储转让，该中心也可以自己投资实施节水项目，并对节约的水权收储转让。此外，它还可以开展水权收储转让项目的咨询、评估等。

湖北省宜都市是2014年水利部确定的全国水权改革试点中唯一的县级市。宜都市地处鄂西山地与江汉平原的过渡地带，地势西南高、东北低，是一个丘陵起伏的半山区，长江与清江在此交汇。每年雨量基本能满足作物生长需要，从水资源总量看，并不是缺水地区，但必须要有足够的水利设施才能保证不缺水受旱。宜都市共有中小型水库46座，堰塘1万余口，灌溉主干渠496公里，田间末级渠2500公里。然而，由于很多水利设施是数十年前建设，老化失修、功能退化，农田有效灌溉面积逐年下降。

面对“垃圾坑、污水塘、筛子渠比比皆是”的现状，宜都市委市政府多次召开干部会、群众会研究，广泛听取意见。有人在会上提出：土地承包后，田种好了；山林承包后，树管好了；如果将农村小型水利设施的责权利落实到户，肯定也能带动农村水利事业的发展。这个看法得到了大家的认同，最终，宜都采取的方式是“产权受益户共有制”。

就是把小型水利设施使用权与受益农户挂钩，对所有权属集体经济组织、农户使用的小型水利设施，将一定期限使用权划归受益农户，受益群体以每个成员的受益面积（或人数、受益程度）为基础确定其共有份额，按份额享受权利和承担义务，工程经营管理由受益群体自主决定。也就是相当于划片负责，每一口堰塘、水库都明确了哪些人是受益户，由受益户共同管理。受益群体是水利工程权利义务主体，他们既享有使用、收益权利，同时也承担对工程维护、整修、管理的义务。

以前，村民们认为堰塘、沟渠是属于大家的，没有管理和维护的热情。确权之后，很多堰塘、沟渠都得到了整修。小水利确权使农户管理、维护、修缮水利设施的热情高涨，使得原本杂草丛生、淤泥遍布的堰塘蓄水功能明显改善，水质也有很大变化。

宜都市农村小型水利设施确权登记，不仅理顺了小农水的权属关系，而且破解了农村水利建后“管护难”的顽疾。

4. “海绵城市”新理念

“暴雨浇泉城，东部再看海”“上海暴雨连下3天，开启看海模式”……

2015年夏天，“来我的城市看海”成为许多城市居民在互联网上无奈的自我调侃。受到厄尔尼诺现象的影响，2015年，我国南方地区遭遇多次强降雨袭击，许多城市内涝严重。内涝对城市运行造成极其严重的困扰，甚至威胁到人民的生命财产安全，城市逢雨必涝现象究竟该如何扭转？

如果城市能够像海绵一样，对雨水收放自如，那么“下雨天到某某市来看海”的城市内涝现象或许会慢慢消失。

2013年，习近平总书记在中央城镇化工作会议上提出要大力建设自然积存、自然渗透、自然净化的“海绵城市”理念。

2014年11月，住建部发布《海绵城市建设技术指南》，对城镇排水防涝系统建设理念提出改变。

《海绵城市建设技术指南》明确提出，通过海绵城市建设，最大限度地减少城市开发建设对生态环境的影响，将70%的降雨就地消纳和利用。到2020年，城市建成区20%以上的面积达到目标要求；到2030年，城市建成区80%以上的面积达到目标要求。2015年国务院办公厅印发指导意见提出上述工作目标，敲定推进海绵城市建设的“时间表”和“路线图”。

在明确总体要求的同时，指导意见从加强规划引领、统筹有序建设、完善支持政策、抓好组织实施四个方面提出具体措施。根据指导意见，海绵城市建设要坚持“生态为本、自然循环，规划引领、统筹推进，政府引导、社会参与”的基本原则，通过加强城市规划建设管理，综合采取“渗、滞、蓄、净、用、排”等措施，充分发挥建筑、道路和绿地、水系等生态系统对雨水的吸纳、蓄渗和缓释作用，有效控制雨水径流，实现自然积存、自然渗透、自然净化的城市发展方式。

顾名思义，海绵城市是指城市能够像海绵一样，在适应环境变化和应对自然灾害等方面具有良好的“弹性”，下雨时吸水、蓄水、渗水、净水，需要时将蓄存的水“释放”并加以利用。

海绵城市是一种形象的表述，不能简单地理解仅仅是为了雨水集蓄回用，也不是水利防洪或排水防涝。海绵城市是以水生态、水环境、水安全、水资源为战略目标，通过灰色与绿色基础设施相结合，实现城市可持续发展的一种开发模式。海绵城市通过对原有的城市管网进行改造，在发挥城市“灰色”基础设施（排水管网等）功能的同时，结合城市“绿色”基础（绿色屋顶等）设施，协同发挥城市的“海绵”功能，希望能够解决城市内涝及蓄水等问题。主要是将透水铺装、绿色屋顶、渗透塘、雨水湿地、蓄水池、植草沟、植被缓冲带、初期雨水弃流设施等一系列低影响设施，根据不同区域水文地质、水资源等特点进行组合，实现雨水的储存、过滤和净化。在减少暴雨期间雨水峰值的同时，促进雨水的下渗补充城市地下水，在减少暴雨径流量的同时对雨水过滤净化，减少了城市大雨所带来的面源污染。

说到城市防洪排涝，人们首先更容易想到的是修建下水道，如果排水管道足够多、足够粗，不就能把雨水迅速排走了吗？但城市内涝形成原因是多方面的，地下排水管网只是其中之一，解决内涝问题不能够靠无限地扩大管网，比如说两小时内降雨 50 毫米，得用多大的管子才能把降水一下子消化掉？这是一个未知数，所以，要大力推进海绵城市的建设，打造“海绵体”，既要把雨水收集起来，还可以把雨水用掉，再加上必要的地下排水设施来解决内涝问题，这是一项综合的工作。

在我国北方城市，由于屋面、道路、地面等设施建设导致的下垫面硬化，70% 至 80% 的降雨被迅速排走，仅有 20% 至 30% 的雨水渗入地下。雨水迅速排走破坏了自然生态本底，带来了水资源紧缺、水环境污染、水安全缺乏保障等问题。

海绵城市正是比喻城市像海绵一样，遇到降水能够就地或者就近“吸收、存蓄、渗透、净化”径流雨水，补充地下水，调节水循环，在干旱缺水时将蓄存的水“释放”出来加以利用，从而让水在城市中的迁移活动更加“自然”。

“海绵体”在哪里？在城市开发建设时，应最大限度地保护原有的河流、湖泊、湿地、坑塘、沟渠等，这是自然赋予我们的最原始的“海绵体”。同时，在城市建设中还可以采用具有渗透、调蓄、净化等海绵功能的雨水源头控制和综合利用设施，如模块组合蓄水池。

海绵城市建设，最大限度减少由于城市开发建设对原有自然水文特征和水生态环境造成的破坏，实现“修复城市水生态、涵养城市水资源、改善城市水环境、提高城市水安全、复兴城市水文化”的多重目标。

海绵城市将会带来城市水生态的改善，城市将减少热岛效应，人居环境将更加舒适；更多的生物特别是水生动植物将有更多栖息地，城市生物多样性水平将大大提升，城市园林也将迎来优美的亲水环境。

海绵城市建设对城市发展的意义正在被重新认识，海绵城市建设的大幕已经开启。

2015 年，我国确定迁安、白城、镇江、嘉兴、池州、厦门、萍乡、济南、鹤壁、武汉、常德、南宁、重庆、遂宁、贵安新区和西咸新区等 16 个城市作为海绵城市建设试点。未来的 3 年时间里，平均每个试点城市每年将获得约4亿元海绵城市建设专项资金。每个试点城市建设海绵城市的区域不小于15平方公里。

江西省萍乡市有着“江南煤都”之称。作为资源枯竭型城市和中部老工业城市的典型代表，萍乡市以往留给人们的印象总是“灰蒙蒙、黑糊糊，连河水也是脏兮兮”。而如今，这里随处可见成行的绿树、如茵的草坪、清澈的河水，彻底颠覆了人们的旧印象。

在新落成不久的萍乡市鹅湖公园，孩子们在娱乐设施上嬉戏，大人们在草坪上休闲纳凉，空气中飘着清新的气息。公园管理处的工作人员说，作为海绵城市建设的基础性工程，改造升级后的鹅湖公园和传统城市休闲公园有着很大的区别。“公园全面提升了对雨水的渗、滞、蓄、净、用、排能力，具备‘海绵’功能，能够实现‘吸吐自如’”。

2015年以来，萍乡市以入选全国海绵城市建设试点城市为契机，积极构建严格的水资源管理体系、健康的水环境与水生态体系，努力破解江南煤炭资源枯竭采空型城市对暴雨径流的调控能力不足、蓄水能力不济、排洪排涝不畅的城市短板。

萍乡市是典型的江南山地丘陵城市，又地处山地低洼地带和赣湘两个水系的分水岭，三面山地产生的径流均沿萍水河汇入市中心，经常导致城区短期内积水暴涨，造成严重的城市内涝。为了破解制约城市发展的水难题，萍乡市提出“设法蓄住天上水、合理开发地下水、水土保持涵养水”等想法。随着海绵城市建设试点的启动，萍乡迎来了改善水环境、提升城市品位的契机。《萍乡市海绵城市试点建设三年行动计划》明确了萍乡市海绵城市建设总体目标为年径流总量控制率达到75%，即日降雨量不大于22.8毫米时不产生径流。排水防涝设计标准为30年一遇暴雨不成灾，城市防洪标准为萍水河主河道50年一遇洪水设防。

在建设过程中，萍乡市选取老城区内易受洪涝影响区域作为老城区试点，选取新城区商务中心与行政办公中心区域作为新城区试点，共同组成萍乡海绵城市示范区，总面积为32.98平方公里。未来3年，萍乡市预计完成147个项目，总投资达到46亿元。

将大量建设、改造透水铺装、绿色屋顶、下沉式绿地、植草沟、生物滞留池、人工调蓄池等绿色“海绵体”，以“慢排缓释、源头分散”的方式控制径流雨水。位于陕西西安、咸阳两市之间的国家级新区西咸新区，海绵城市建设正在全面展开，水的自然迁徙为城市增添了灵动之气，也为现代田园城市建设增添了生动注解。

西咸新区作为首个以创新城市发展方式为主题的国家级新区，一项重要使命就是围绕创新城市发展方式，走资源集约、产业集聚、人才集中、生态文明的发展道路，促进工业化、信息化、城镇化、农业现代化同步发展，着力建设丝绸之路经济带重要支点，探索现代田园城市建设经验。

在西北这样一个严重缺水的地方，建设海绵城市是让城市回归自然的一个主要途径。城市下雨的时候就吸水，干旱的时候就把吸收的水再“吐”出来，使水源得以涵养，使田园得以保存，使生态得以循环。

城市建设发展方向与西咸新区建设田园城市的定位不谋而合。其以自然河流、生态廊道、道路框架构建布局合理，生态环保、结构完善的城乡空间结构，形成“廊道贯穿、组团布局”的田园城市总体空间形态，构建起层次清晰、架构分明、自然灵动的新型城市生态本底，为海绵城市建设提供大有可为的施展空间。

在遵循已有的山水格局、历史文脉的前提下，对传统粗放式城市建设模式下形成的水体破坏进行生态修复，西咸新区先后启动了区域内渭河、沣河、泾河综合治理工程，使其恢复行洪、蓄水等生态功能。与此同时，河流沿线建设生态景观廊道、湿地公园，延长城市绿线，提高对生态资源的利用效率，让城市与自然互动。

海绵城市的核心是生态文明建设。西咸新区把尊重自然、顺应自然的理念融入城市规划设计，精心营造了多层次的城市开放空间，从沣河、渭河沿河景观带、自然绿廊和中央公园、城市绿环和组团公园，到若干社区公园和街头绿地，形成四个层次的开放空间，良好的生态本底使海绵城市建设得天独厚。

新城市建设如同在空白画卷上作画，不同于其他城市在低影响开发中仅限于某个项目的应用，西咸新区又恰逢新城市建设的机遇。通过实现建筑与小区对雨水应收尽收、市政道路确保绿地集水功能、景观绿地依托地形自然收集、中央雨洪系统形成调蓄枢纽，形成四级雨水综合利用系统，借助自然力量排水，让城市如同生态“海绵”般舒畅地“呼吸吐纳”，每当降雨时，四级系统便玩起雨水收集利用的“魔术秀”，让水资源生动流淌。

伴着历史的沉香与印痕，一条东西走向的下挖中心绿廊横穿新城，绵延至远处广阔静谧的绿洲之中。在总面积约 450 公顷的绿地系统背后，其实大有乾坤：经初步测算，该系统每年可以吸收 270 万立方米的雨水，削减径流量60% 以上；使雨水重现期从最新设计标准的 2 年延长至 3—5 年；使城市防洪能力可提升 2 倍以上……

一串串闪亮的数据生动诠释了海绵城市发展的生态命题，生态文明已成为西咸新区这座田园城市的发展标记。

让城市回归自然，使水源得以涵养，使田园得以保存，这是对于现代田园城市建设的生动实践，也是创新城市发展方式的积极探索。

第七章
重建人水和谐，保障永续发展

1. 建设美丽中国的铿锵号角

19 世纪中叶，英国经济学家、哲学家穆尔指出，“美丽自然的幽静和博大是思想和信念的摇篮”。

2012 年，党的十八大报告提出“尊重自然、顺应自然、保护自然的生态文明理念”“把生态文明建设放在突出地位”“努力建设美丽中国，实现中华民族永续发展”。这是党和政府对人民追求美好生活的庄严承诺，这是为实现中华民族永续发展发出的郑重宣言。

“依托现有山水脉络等独特风光，让城市融入大自然，让城市居民望得见山、看得到水、记得住乡愁”这诗一般的语言，出现在 2013 年 12 月召开的中央城镇化工作会议对新型城镇化的要求中，让人们眼睛一亮，印象深刻，更道出了众多人的期盼。

生态文明是人类遵循人、自然、社会和谐发展这一客观规律而取得的物质与精神成果的总和。生态文明是以人与自然、人与人、人与社会和谐共生、良性循环、全面发展、持续繁荣为基本宗旨的文化伦理形态。生态文明是贯穿于经济建设、政治建设、文化建设、社会建设各方面和全过程的系统工程。

建设生态文明，以尊重自然规律为前提，以人与自然、环境与经济、人与社会和谐共生为宗旨，以资源环境承载力为基础，以建立节约环保的空间格局、产业结构、生产方式、生活方式以及增强永续发展能力为着眼点，以建设资源节约型、环境友好型社会为本质要求。

建设生态文明，是关系人民福祉、关乎民族未来的长远大计。生态文明是人类文明发展的一个新的阶段。三百年的工业文明以人类征服自然为主要特征，世界工业化的发展使征服自然的文化达到极致。一系列全球性的生态危机说明地球再也没有能力支持工业文明的继续发展，需要开创一个新的文明形态来延续人类的生存，这就是“生态文明”。

近 30 年来，我国的工业化进程突飞猛进，但资源环境瓶颈制约加剧，环境承载能力已接近上限。我国城镇化突飞猛进，但许多地方砍树、填湖、盖楼，到处是刺眼的钢筋水泥“森林”，绿色等自然风光难觅。在广袤的农村，一些村庄的原始风貌也在城镇化过程中随着村庄的消失而无影无踪。

习近平总书记关于加强生态文明建设的一系列重要论述，特别是关于“绿水青山就是金山银山”的理念，构成了对生态文明建设的科学指导，促进形成了生态文明发展的中国范式，改造和提升着工业文明。

中国生态文明建设经历了一个从被动到主动、从单一到全面的过程。20 世纪后半叶，尊重自然多具有被动色彩，靠山吃山、有水快流，有的地方甚至为了“金山银山”而破坏“绿水青山”，单一、被动地治理生态破坏和环境污染。进入 21 世纪，生态文明建设的层次和力度不断提升。

2002 年，党的十六大报告提出：“推动整个社会走上生产发展、生活富裕、生态良好的文明发展道路”。

2007 年，党的十七大报告明确要求“建设生态文明”。

2012 年，党的十八大报告将生态文明建设纳入中国特色社会主义“五位一体”总布局，并提出把生态文明建设融入经济建设、政治建设、文化建设、社会建设各方面和全过程。

党的十八届三中、四中全会进一步将生态文明建设提升到制度层面，提出“建立系统完整的生态文明制度体系”“用严格的法律制度保护生态环境”。《中共中央国务院关于加快推进生态文明建设的意见》提出“协同推进新型工业化、信息化、城镇化、农业现代化和绿色化”，把绿色化作为生态文明建设的手段和评判标准。在实践中，提出了“节约优先、保护优先、自然恢复为主”的尊重和顺应自然的方针，明确了绿色、循环、低碳发展的路径。

水是生态系统最活跃的控制性因素，人类由水而生、依水而居、因水而兴。离开了水资源，不仅人类社会难以为继，任何生命都无法延续。因此，水是生命之源，是不可替代的自然资源和国家的经济资源，是人类社会和生产活动必不可少的物质基础。可以说，水是生态环境的主要控制性因素，水生态文明是生态文明的重要组成和基础保障。解决当前面临的资源环境问题、增强可持续发展能力、建设美丽中国，必须加快推进水生态文明建设。

水生态文明是人类文明发展到生态文明时代的水资源利用的一种途径和方式。它以尊重和维护生态环境为主旨，开发水利、发展经济，为人类社会持续发展服务。水生态文明涵盖了水利事业和水利产业目标，又突出了环境目标。

改革开放以来，水利事业得到迅猛发展，水利建设取得了重大成就。但是，长期以来，我国经济社会发展付出的水资源、水环境代价过大，导致一些地方出现水体污染、水质恶化，河道断流、湖泊萎缩，地面沉降、海水入侵，水土流失、生态退化等问题，可持续发展面临严峻挑战。

2011 年中央一号文件指出："水利是现代农业建设不可或缺的首要条件，是经济社会发展不可替代的基础支撑，是生态环境改善不可分割的保障系统。"清晰阐述了水生态文明是生态文明的重要组成和基础保障。

党的十八大报告将水利放在生态文明建设的突出位置。在水利宏观布局方面，提出要按照人口资源环境相均衡、经济社会生态效益相统一的原则，控制开发强度，调整空间结构，促进生产空间集约高效、生活空间宜居适度、生态空间山清水秀，给自然留下更多修复空间，给农业留下更多良田，给子孙后代留下天蓝、地绿、水净的美好家园。在水生态文明建设方面，强调要加大自然生态系统和环境保护力度，推进荒漠化、石漠化、水土流失综合治理，扩大森林、湖泊、湿地面积。在水利基础设施建设方面，强调要加快水利建设，增强城乡防洪抗旱排涝能力，强化水、大气、土壤等污染防治。

水生态文明建设是将生态文明的理念融入水资源开发、利用、治理、配置、节约、保护的各个方面和各个环节，坚持节约与保护优先和自然恢复为主的方针，以落实最严格水资源管理制度为核心，通过优化水资源配置、加强水资源节约保护、实施水生态综合治理、加强制度建设等措施，实现水资源的高效持续利用，促进人、水、社会和谐发展和可持续发展。水生态文明建设的基本目标是要实现山青、水净、河畅、湖美、岸绿的水生态修复和保护。

2013年水利部出台《关于加快推进水生态文明建设工作的意见》等一系列关于水生态文明建设的意见要求及纲要，提出水生态文明建设的重要意义、目标原则及主要工作内容，强调了水生态文明建设试点工作的总体要求及组织实施方案，指出水生态文明建设要遵循的基本原则：

——坚持人水和谐，科学发展。牢固树立人与自然和谐相处理念，尊重自然规律和经济社会发展规律，充分发挥生态系统的自我修复能力，以水定需、量水而行、因水制宜，推动经济社会发展与水资源和水环境承载力相协调。

——坚持保护为主，防治结合。规范各类涉水生产建设活动，落实各项监管措施，着力实现从事后治理向事前保护转变。在维护河湖生态系统的自然属性，满足居民基本水资源需求基础上，突出重点，推进生态脆弱河流和地区水生态修复，适度建设水景观，避免借生态建设名义浪费和破坏水资源。

——坚持统筹兼顾，合理安排。科学谋划水生态文明建设布局，统筹考虑水的资源功能、环境功能、生态功能，合理安排生活、生产和生态用水，协调好上下游、左右岸、干支流、地表水和地下水关系，实现水资源的优化配置和高效利用。

——坚持因地制宜，以点带面。根据各地水资源禀赋、水环境条件和经济社会发展状况，形成各具特色的水生态文明建设模式。选择条件相对成熟、积极性较高的城市或区域，开展试点和创建工作，探索水生态文明建设经验，辐射带动流域、区域水生态的改善和提升。

明确水生态文明建设的目标：最严格水资源管理制度有效落实，“三条红线”和“四项制度”全面建立；节水型社会基本建成，用水总量得到有效控制，用水效率和效益显著提高；科学合理的水资源配置格局基本形成，防洪保安能力、供水保障能力、水资源承载能力显著增强；水资源保护与河湖健康保障体系基本建成，水功能区水质明显改善，城镇供水水源地水质全面达标，生态脆弱河流和地区水生态得到有效修复；水资源管理与保护体制基本理顺，水生态文明理念深入人心。

同时明确，为加快推进水生态文明建设，充分吸收节水型社会建设、水生态系统保护与修复、水土保持和水利风景区建设等工作经验，选择一批基础条件较好、代表性和典型性较强的市，开展水生态文明建设试点工作，探索符合我国水资源、水生态条件的水生态文明建设模式。

“十二五”期间，我国通过加快推进105个水生态文明城市试点建设，初步形成以水系为脉络，以水利为龙头，多部门协力推进水生态文明建设的良好格局。水生态文明的重要指标被纳入国家生态文明建设指标体系，有38个试点成为国家生态文明先行示范区，7个试点进入国家海绵城市试点行列。在国家试点示范带动下，江苏等11省在全省范围内开展水生态文明创建。围绕“水系完整性、水体流动性、水质良好性、生物多样性、文化传承性”的目标要求，积极开展河湖水系连通项目。完成13个重要河湖健康评估和14个不同类型水生态系统保护与修复试点，太湖水环境综合治理成效明显，塔里木河、黑河等流域生态系统得到初步修复。

通过不断完善水资源统一调度机制，强化科学调度手段，黄河等重要江河水资源统一调度发挥重要的经济社会和生态效益。黄河干流已实现连续16年不断流，河口生态持续好转。黑河下游东居延海连续11年不干涸，形成近40平方公里水面。新疆颁布实施《塔里木河流域水资源管理条例》，2000年以来累计向下游输送生态水46亿立方米。黄河、淮河生态调度，引江济太、引黄入冀、引黄济青、引黄济津、扎龙湿地补水等水资源统一调度也有效保障了区域供水安全和生态安全。

2. 让城市在水与生态的润泽中更加美丽

水为民生之源，国之所依。文明与荒芜往往仅有一水之隔，历史上著名城市的发展变迁多是在叙述水与城市的故事，重复验证着水兴则城兴，水衰则城衰的道理。

城市作为社会的核心单元，是人类文明发展与进步的载体，是人口聚集地，也是消耗自然资源的核心场所，更是生态文明建设的落脚点和突破口，应责无旁贷地承担起探索生态文明建设实质、展示成就的重任。

水利部分两批确定了105个水生态文明城市建设试点，以水生态文明城市建设为载体，探索保障水安全新途径。

历史上，西安是一个水资源丰富的城市。西汉文学家司马相如在辞赋《上林赋》中写道“终始灞浐，出入泾渭，酆镐潦潏，纡余委蛇，经营乎其内，荡荡乎八川分流，相背而异态”，描写了汉代上林苑的巨丽之美。从此之后，西安就有了“八水绕长安”的美誉。然而，受生态退化和人类活动双重因素的影响，到20世纪末期，“长安八水”水量衰减，污染严重，堤岸破损，满目疮痍，“八水绕长安”的盛景成为历史，不复存在。

2012年7月，西安首次提出了“八水润西安”的发展思路，全面加快生态文明建设，要求保护、开发、利用好西安的水资源，将库、河、渠、湖、池有机连通，让水在西安流起来、动起来、美起来，充分展现水的生产生活功能、生态功能、文化功能和美善价值，服务于西安国际化大都市建设。

2012年编制完成的《“八水润西安”规划》提出，到2020年，西安将建成以“地表水为主，地下水应急备用，再生水、雨洪水等非传统水资源有效补充”的城市供水保障体系，以及“自然河流为主轴、人工水系为主线、湖池湿地为核心”，分布均衡、功能完备的水生态修复保护体系。

一批水利工程得到加快建设，渭河南岸堤经过三年整治，不仅让渭河水质改善，河滨生态景观提升，更让它承载发挥了人文景观功能，使渭河与整个城市融为一体。

西安古城墙南门区域综合改造工程完工，建国门至朱雀门段的护城河碧水荡漾、画舫游弋，一派秀美风光。通过景观改造、河道疏浚、污水治理和河湖连通等措施，让昔日的污水河变身水上休闲游览观光线。

一场绿色生态革命，让浐河、灞河两岸发生了翻天覆地的改变。一个沙坑遍地、垃圾成山、河流污染严重的生态重灾区变成水环境涵养功能充分、水生态景观优美、人居环境舒适、经济发展繁荣、社会文化进步的生态新区，“灞上烟柳长堤，关中风情广运”的浐灞胜景已然重现。

随着“八水润西安”工程的相继实施，昔日垃圾遍布、破败不堪的河道，变为堤固洪畅、水清岸绿的亮丽风景线；将干枯废弃、蚊蝇滋生的湖池，变为碧波荡漾、游人如织的生态示范区；把跑冒滴漏、千疮百孔的渠系，变为坚固整洁、水流通畅的引水大通道。

如今，东有浐灞广运潭、南有唐城曲江池、北有未央汉城湖、中有明清护城河的西安城市水系格局已经形成。“城在水中、水在城中、水韵长安”的现代化生态型大都市离市民生活越来越近。

中国工程院院士王浩认为，“八水润西安”工程可以总结为七个层次的内容：第一个层次是水资源，防洪供水保证了城市河流最基本的功能，保障了百姓的生命财产安全、城市工农业的正常供水，解决了防洪的心腹之患；第二个层次是水环境，在水资源得到保证的前提下，把水质处理好，建设了大量污水处理厂，河流水质得到很好的修复，西安在住建部城市污水治理考核中，连续多次名列第一；第三个层次是水生态，打造湿地公园，恢复河流的底息生物、浮游生物、小型鱼类，滨岸的两栖生态、河流的水生生态系统新的平衡正在建立；第四个层次是水景观，在以上三个层次的基础上，建立了许多水景观；第五个层次是水文化，把秦汉隋唐等核心文化都挖掘出来；第六个层次是水产业，把沿河区域诸如浐灞生态区等，都发展成后工业化时代产业聚集区，结合它的升级换代，以水为魂，打造水产业；第七个层次是水经济，通过滨河土地整理，国土资源的大幅整治，提高国土质量、价值，给城市经济带来活力。

“家家泉涌，户户垂柳”，这是古人对泉城济南的赞美，更是济南市独具特色的名片。近年来，济南市抓住创建水生态文明示范市的契机，按照“泉涌、湖清、河畅、水净、景美”的目标，济南市积极推进水系生态建设，如今全市水生态和谐，水环境优美，泉城风采日益彰显。

结合南部山区绿色发展，济南以水生态文明建设示范项目为重点的水土流失治理、小流域综合治理收效显著，城市核心区水生态保护涵养源不断加强。南部山区相继实施的土屋峪、大佛峪、金刚纂等清洁型小流域综合治理工程，植树造林，整理水系，有力促进了项目区生态环境向良性循环转化。济南市水利局有关负责人介绍，已开工建设、总投资30亿元的玉符河综合治理工程完成后，玉符河将成为具有防洪补源、生态保护、旅游休闲等功能的绿色安全屏障、生态景观长廊、新型城乡协调发展示范区。

通过截污治污、河道治理，济南城区腊山河、兴济河、大明湖、大辛河四大分区内65条河道截污整治收到实效。消除河道污水直排口1000余处，每天截留污水6万多吨，基本实现河道内“看不见污水、闻不到异味”的目标。实施大明湖水循环工程，建设历阳湖等亲水景点，大辛河、全福河等7个河段生态治理工程基本完成，使沿河绿色景观带更为畅通。

“河湖连通惠民生，五水统筹润泉城”的现代水利发展新格局，使“泉涌、河畅、水净、景美、人和”的美丽景象重现泉城。

3. 山水之间有乡愁

江南六大古镇之一的浙江乌镇，享有“中国最后的枕水人家”这一美誉，水就是乌镇最核心的灵魂所在。前些年，养殖业特别是养鸭是乌镇很多农户的主导产业，这给乌镇水环境带来了较重负担。2014年起，浙江全面铺开“五水共治”战略，消灭垃圾河，整治黑臭河，加固病库危堤。乌镇重点加强污染源头治理，大力拆除违建鸭舍，鸭舍面积锐减，一大批传统养殖户，选择自主转产转业，曾经鸭舍密布、臭气熏天的景象不复存在，水清岸绿，景色宜人的古镇水乡重现。

浙江濒临东海，川泽四布，湖沼周行。由于自然地理条件独特、气候条件复杂，浙江人世世代代必须面对在洪涝台风灾害中求生存、谋发展的现实，历来把治水视为头等大事。

面对错综复杂和发展变化的各种水问题，浙江治水与全国各地一样并非一劳永逸。随着经济社会的高速发展，水污染不期而至，水环境问题日益凸显，水安全遭遇新挑战，人民群众对水有了新期盼，浙江也面临着新的水危机。

“以治水为突破口倒逼转型升级，以砸锅卖铁的决心兴建水利基础设施，全面推进治污水、防洪水、排涝水、保供水、抓节水的‘五水共治’，才能从根本上解决浙江水的问题。”浙江省的治水决心前所未有。

水，是流动的整体。治水，是一项系统性工程。浙江治水之战分成治污水、防洪水、排涝水、保供水、抓节水的五大战场。“五水共治”是一盘棋，既要有共治之纲领，又要有破局之策略。“五水共治、治污先行”成为治水的路线图。以治污水为突破口，从群众反映最强烈、意见最大的黑河、臭河、垃圾河治理起。

在浙江大大小小的河流岸边，总能看到一块蓝色的牌子——“河长制”公示牌，上面清楚地标识河流的长度、深度等基本情况，以及河长的姓名和联系方式。“河长制”不断推广，这样的公示牌也已经覆盖浙江全省。每一条河不但有了自己的“河长”，也有了自己的治病“方子”，浙江要求“一河一策，一抓到底”。

在这个战场上，水利、环保、建设是主力部队，广大老百姓是敏锐的侦察兵，新闻媒体是严格的监察员。“五水共治”走进校园，“五水共治”写入村规民约，各种“曝光台”“红黑榜”纷纷亮相。

在这个战场上，从“五水共治”到“吾水共治”，所有企事业单位职工，集体为“五水共治”捐款；本地企业家慷慨解囊，广大在外的浙商、华侨也投身家乡公益治水，仅温州市“五水共治”捐款就达5.4亿元。

在这个战场上，浙江坚持“两手发力”，用市场机制鼓励浙商回归投资治水项目。五水共治国债——“上虞交投五水债”受到投资者的热捧，3000万元规模债权一天内几近售罄。宁波北仑区有上百家企业涉足“五水共治”市场，预计全年可实现产值近10亿元……

五水共治人人有责，绿水青山人人共享。“五水共治”调动了全民参与治水的热情，形成了共建共享、优势互补的良好局面。

治水攻坚一年，浙江消灭垃圾河6496公里，整治黑臭河4660公里，新建污水管网3130公里，河道沿线成为集防洪、治污、景观、休闲于一体的水生态风景线；完成133座病险水库、668公里海塘河堤加固和57万亩圩区整治，完成水利投资首次突破400亿元，“十百千万治水大行动”年度目标任务顺利完成；造纸、印染、化工三大重污染高耗能行业淘汰关停企业1134家，56个县大力开展治水行业整治提升，淘汰落后产能，加大节能减排，产业结构调整成效不断显现……

在治水攻坚战的首个战场——“水晶之都”浦江折射出惊人的变化，过去的30年中，水晶产业是浦江县的第一富民产业，声名远扬。全县水晶加工厂和家庭作坊式企业一度达2万余家，从业人员达20余万人。但“水晶之都”的水却不像水晶那样纯洁无瑕。水晶加工造成的污染，使浦江人民的母亲河浦阳江不停变换着“脸色”——绿色、黄色、黑色、粉色、乳白色……

“五水共治”战役打响以来，浦江痛下决心，拆除违建水晶加工场所105万平方米，关停取缔水晶加工户1.94万户，转移流动人口9.8万人。铁腕治水之下，昔日的垃圾河成了游泳池，国内现代化的水晶集聚园区建设快马加鞭，浦江电子商务总量上升到全省第三名，农家乐民宿经济高速增长……

池塘，这种比湖泊小的水体形态，无论是自然形成还是人工建造，亘古至今，在浙江乡村的水系统、水生态和水文化中，都起着十分重要的作用。星星点点的池塘，散布在广袤的农村大地上，犹如美丽乡村的明眸。在浙江常山县农村，大大小小的池塘有2000多座。这些美丽乡村的“眼睛”，很多不幸遭受过垃圾覆盖、生态破坏的磨难。乡人对池塘的依赖和尊重不如往昔，不少乡村池塘满目疮痍。

“五水共治”风生水起，这些池塘得到了垃圾清理、淤泥清运，塘边围起栏杆、设立绿化带，而后在池里种下荷花，村民可以走进塘中央的凉亭临水赏荷。“池塘生春草，园柳变鸣禽”的乡村风景再次让人们趋之若骛。“黄梅时节家家雨，青草处处池塘蛙”，宋人赵师秀的绝唱，再次在乡村唱响。

浙江的成功实践只是一个缩影，在治水的战场上江苏徐州也毫不逊色。

上百年的采煤塌陷区域，今天化腐朽为神奇。徐州市贾汪区正以前所未有的速度推进潘安湖湿地建设。江苏省首创“四位一体”的塌陷地治理模式，既为全国资源枯竭型城市生态环境修复再造提供样板，又为徐州增添了“城市之肾”。

岛屿层叠从湖面挺拔而出，点染着素净的水。远山青黛，一抹绿色横卧天边。登上湖边观景台，极目远眺，一幅幽深宁静的山水长卷铺展在面前。清澄的天边飘着几片云，晴空碧波之间错落有致地散布着大大小小的岛屿，水波涟涟，草木茵茵，小船荡漾，一行行翔舞的鸥鹭点缀天水间，让人顿生“鹤汀凫渚，穷岛屿之萦回”之感。

这就是徐州用最短时间打造的全国采煤塌陷地生态修复先行示范区、中国最美乡村湿地——潘安湖生态经济区的雏形。

沿着迂回的小路欣赏清澈的湖面，水中倒映着深邃的蓝天，水边的湿地长满了齐腰深的芦苇和蒲草，在温煦的夏风轻抚下舞动。倚着湖心亭的柱子，任湖风滑过脸庞，望着这如诗如画的情景，心早已深深地陶醉。

面对这眼前美景，谁又能想到，仅仅在一年之前，这里还是一片野草丛生的滩涂和水塘。潘安湖的地下经过上百年煤炭开采，留下了方圆 1.74 万亩的塌陷地，致使村镇搬迁、良田废弃、交通水利等基础设施损坏，生态环境严重恶化，综合治理迫在眉睫。

恰逢此时，省市提出复垦治理、综合利用和生态修复采煤塌陷地的战略决策，变塌陷地为徐州独特的开发资源，变历史形成的负担为极具潜力的发展空间，变主城区周边的采煤塌陷地为将来的生态走廊，使其成为生态湿地或绿地，与城市西南部的云龙风景区形成环绕主城区的生态空间，成为创建全国生态城市的重要支撑。

“南有云龙湖，北有潘安湖!”这是徐州市委市政府提出的发展战略，而实施的集“基本农田整理、采煤塌陷区复垦、生态环境修复、湿地景观开发”四位一体的全省首创的治理模式，既打造了全国采煤塌陷治理的里程碑式项目，又提供了资源枯竭型城市生态环境修复再造的典范。

由古返今，时光越千年。高楼林立的城市中，返璞归真成为都市人的渴望，绿水青山是我们共同的追求。夕阳西下，晚霞映红天际，凭栏远眺这个南北兼容、湿地和湖泊结合、生态和自然和谐，具有独特北方田园风光特色的生态湿地，令人不由得想起《滕王阁序》中的名句：“落霞与孤鹜齐飞，秋水共长天一色。渔舟唱晚，响穷彭蠡之滨；雁阵惊寒，声断衡阳之浦。”

南京市六合区，地处江淮分水岭，江河湖库齐全，蓄水 10 万立方米以上的大小库塘 148 个，也是民歌《茉莉花》的发源地。近年来，六合区依托山水人文资源，着力打造大泉人家、长江渔村等为代表的一批美丽乡村。自 2011 年以来，小型农水项目、小流域治理项目、库区移民后期扶持项目等多个水利项目密集投放在大泉湖及其周边，改善了水生态，引来了观光客，大泉湖也摇身一变，成了一个湖面波光粼粼、杉林矗立水中、小岛曲径通幽的生态景区。

通过开展“水生态＋美丽乡村”，每一处水库湖荡都成为一个风景宜人的旅游度假区。库容近1亿方的金牛湖水库是南京地区最大的人工水库，也是南京的备用水源地。这里水生态的质变，让老百姓感触最深。“这库里的水，舀起来就能喝!”

“水生态＋美丽乡村”，还“＋”出了农村产业结构调整的硕果。位于六合区横梁街道的林牧村，有一个东方红水库，库区原来就是一大片荒坡，杂草丛生。如今，畅通的沟渠闸站和路网吸引了投资者。南京绿航生态园依靠大水库，2000亩生态园灌溉排涝有保障，亩产千斤猕猴桃，亩均效益3万元！竹镇的富硒米基地、金牛湖的有机鱼……

水生态叠加城市建设，催生城市品质提升。滁河穿六合雄州城而过，原来是条臭水沟，. 如今垂柳依依、碧水荡漾，每天晚上河堤广场都是散步跳舞的市民，居住区、商业区加快向河边集聚。雄州街道是国家江北新区副中心，围绕穿城而过的滁河精心规划，每个标段都设置不同人文主题，打造开放式亲水河岸，造景观，聚人气，一个江北新区的“城市客厅”初具雏形。

“水生态＋美丽乡村”，六合浇灌出最美“茉莉花”。

4. 既要金山银山，更要绿水青山

生态破坏严重、生态灾害频繁、生态压力巨大等突出问题，已成为全面建成小康社会最大的短板。如何补齐生态短板？

“小康全面不全面，生态环境质量是关键。”2014年3月7日在参加全国两会贵州代表团审议时，习近平总书记深刻地指出。

“我们追求人与自然的和谐、经济与社会的和谐，通俗地讲就是要‘两座山’：既要金山银山，又要绿水青山，绿水青山就是金山银山。”2013年9月7日，习近平总书记在哈萨克斯坦纳扎尔巴耶夫大学发表演讲后回答学生提问时说，“我们绝不能以牺牲生态环境为代价换取经济的一时发展。”

在另一次重要场合上，习近平总书记对“两山论”进行了深入分析：

“在实践中对绿水青山和金山银山这‘两座山’之间关系的认识经过了

三个阶段：第一个阶段是用绿水青山去换金山银山，不考虑或者很少考虑环境的承载能力，一味索取资源。第二个阶段是既要金山银山，但是也要保住绿水青山，这时候经济发展和资源匮乏、环境恶化之间的矛盾开始凸显出来，人们意识到环境是我们生存发展的根本，要留得青山在，才能有柴烧。第三个阶段是认识到绿水青山可以源源不断地带来金山银山，绿水青山本身就是金山银山，我们种的常青树就是摇钱树，生态优势变成经济优势，形成了浑然一体、和谐统一的关系，这一阶段是一种更高的境界。”

远见卓识源于切身实践，高瞻远瞩始自深入调研。习近平总书记对于绿水青山与金山银山关系的深刻认识，源自他长期对林业和生态建设的实践。福建省长汀县的生态巨变，就是一个缩影。

长汀县是客家人重要的聚居地，历史上山清水秀，林茂田肥，人们安居乐业。由于近代以来森林遭到严重破坏，长汀县成为当时全国最为严重的水土流失区之一。1985 年，长汀县水土流失面积达 146.2 万亩，占全县面积的 31.5%，不少地方出现“山光、水浊、田瘦、人穷”的景象。

绿水青山没了，何谈金山银山？在福建省工作期间，习近平五下长汀，走山村，访农户，摸实情，谋对策，大力支持长汀水土流失治理。经过连续十几年的努力，长汀县治理水土流失面积 162.8 万亩，减少水土流失面积 98.8 万亩，森林覆盖率由 1986 年的 59.8% 提高到现在的 79.4%，实现了“荒山——绿洲——生态家园”的历史性转变。

长汀变了，从昔日的山光水浊，到如今的山清水秀，一片片绿色生态园，让荒山重现生机。而在偌大的 960 万平方公里上，“山变绿，水变清，人变富”的目标逐步变为现实。

我国是世界上水土流失最为严重的国家之一。据第一次全国水利普查成果，我国现有水土流失面积 294.91 万平方公里，占国土总面积的 30.72%。大规模开发建设导致的人为水土流失问题十分突出，威胁国家生态安全、饮水安全、防洪安全和粮食安全，制约山丘区经济社会发展，影响全面小康社会建设进程。

东北黑土层变薄，西南石漠化严重，耕地退化、毁坏，河湖淤积……水土流失成为生态环境最突出问题之一。而水土保持就是破解资源环境约束、增强可持续发展能力的战略选择。近年来，我国推进水土保持进入全面发展的新时期，更加注重遵循自然规律，充分发挥生态自我修复能力；更加注重综合治理，统筹生态、经济、社会效益，因地制宜、科学规划，“山水田林路”多种措施形成生态建设合力。

“苦瘠甲天下”的甘肃省定西市曾是全国水土流失最严重的地区之一，通过开展以小流域为单元的综合整治，贫瘠的山坡变成高产田，成为全国马铃薯三大主产区之一。

江西省兴国县宜时宜地治理。在轻度流失区以封禁自然修复为主，中度流失区以人工补植为主，强度以上流失区防治并重、沟坡兼治，昔日的“江南沙漠”变成了“江南绿洲”，许多溜沙岗已被苔藓、地衣、蕨类等植物覆盖，多年不见的鸟兽又在山上安了窝，全县土壤流失总量由每年的1106万吨下降为314.08万吨，保水效率超过18%。

许多水土流失严重的地区，逐步发展起地方特色产业。四川省会理县的石榴、江西省赣南市的脐橙、内蒙古自治区鄂尔多斯市东胜区的沙棘……

还是那片地，还是那个天，水土流失综合治理让旧貌变新颜。

水土流失地区往往与贫困相伴。根据科考调查结论，全国76%的贫困县和74%的贫困人口生活在水土流失严重区。

“不能饿着肚子搞生态”，近年来，水土流失治理坚持以改善农民生产生活为根本落脚点，山坡要“被子”，农民要票子，力求干一片，成一片，项目区农民人均增收260元左右。

甘肃省合水县带动3.6万多农户发展规模经营，培育出“蓓蕾”牌黄花菜、“板桥”白黄瓜等一批绿色品牌，“板桥”白黄瓜市场价比一般黄瓜每公斤高出0.4元左右，项目区农民人均纯收入的六成以上都是来自农业支柱产业和水保产业开发。湖北省近3年实施坡耕地水土流失综合治理试点，共使7.49万亩坡耕地变梯田，增加经济收入2788万元，17万农民受益。

中央投入不断加力，2013年中央财政用于水土保持的投入近80亿元，比2011年翻了两番。各地加大财政投入力度，引导和鼓励企业和个人以投资、捐资、承包治理“四荒”等方式参与水土流失治理。湖北省积极利用外资，每年治理水土流失面积由原来的1000平方公里提高到2000平方公里以上，重点治理县由 13 个扩大到 32 个。山西民间投入日益多元，全省民营水土保持户发展到 28 万户，其中面积在 500 亩以上的大户 4300 多户，累计投入资金 30 多亿元，治理“四荒”面积 1200 万亩，成为山西生态建设的一支重要力量。

创新投入机制，水土保持初步形成政府主导、农民参与、社会投入的多渠道、多元化的投资格局，2010 年以来，民营资本水土保持投入累计超过 100 亿元。

同时，国家出台《水土保持补偿费征收使用管理办法》，明确水土保持补偿为功能补偿，矿产资源生产期存量计征水土保持补偿费。这充分体现了“谁开发、谁治理、谁补偿”的原则，标志着水保生态补偿有了新机制。

水保监管越来越严。12 个省区市颁布出台省级水土保持法实施办法（条例），严格禁止毁林开荒、乱采滥伐、开荒扩种、超载过牧、随意弃土弃渣等行为，对水土流失重大危害事件，应依法追究责任。水土保持“三同时”制度全面落实，水土保持方案编报率、实施率和设施验收率，普遍提高了 5 个百分点，监督执法专项行动深入开展，人为水土流失得到有效遏制。

据统计，“十二五”期间，全国共完成水土流失综合治理面积 26.6 万多平方公里，治理小流域 2 万余条。在长江上中游、黄河上中游、丹江口库区及上游、京津风沙源区、西南岩溶区、东北黑土区等区域建成了一批水土流失的重点治理工程。全国建成生态清洁小流域 1000 多条，为防治面源污染、改善人居环境、保护水土资源发挥了重要作用。

目前，全国水土保持措施保存面积已达到 107 万平方公里，累计综合治理小流域 7 万多条，实施封育保护 80 多万平方公里。1991 年《中华人民共和国水土保持法》颁布实施以来，全国累计有 38 万个生产建设项目制定并实施了水土保持方案，防治水土流失面积超过 15 万平方公里。

但我国还有不少水土流失严重地区自然环境恶劣，生态基础脆弱，生产条件落后，群众增收困难，全国还有 3 亿多亩坡耕地和数十万条侵蚀沟亟待治理，水土流失治理任务艰巨。

2015 年《全国水土保持规划（2015—2030 年）》出台，确定近期目标是：到 2020 年，基本建成与我国经济社会发展相适应的水土流失综合防治体系。

全国新增水土流失治理面积 32 万平方公里，其中新增水蚀治理面积 29 万平方公里，年均减少土壤流失量 8 亿吨。

远期目标是：到 2030 年，建成与我国经济社会发展相适应的水土流失综合防治体系，全国新增水土流失治理面积 94 万平方公里，其中新增水蚀治理面积 86 万平方公里，年均减少土壤流失量 15 亿吨。

随着新规划的实施，水生态文明建设步伐的进一步加快，美丽中国的图景将会越来越近。

“中国在生态文明这个领域中，不仅是给自己，而且也给世界一个机会，让我们更好地了解朝着绿色经济的转型。”联合国副秘书长阿奇姆·施泰纳说。

既要金山银山，也要绿水青山，绿水青山就是金山银山，这是发展理念和方式的深刻转变，也是执政理念和方式的深刻变革，引领着中国发展迈向新境界。

“立此存照，过几年再来，希望水更干净清澈。”2015 年新年伊始，习近平总书记在碧波荡漾的洱海边考察时，殷切叮嘱当地干部。他要求一定要把洱海保护好，让“苍山不墨千秋画，洱海无弦万古琴”的自然美景永驻人间。

习近平总书记对苍山洱海的叮嘱，是他心中绿水青山的愿景，也是对祖国山川河流的殷切期望。

党的十八届五中全会，系统阐释了创新、协调、绿色、开放、共享的重要发展理念，用求真务实又鼓舞人心的笔触，清晰描绘了未来五年国家发展的宏伟蓝图。

水利作为推进五大发展的重要内容，被列入“十三五”基础设施网络之首，防范水资源风险纳入风险防范重要内容，国家做出一系列重大战略部署：“实行能源和水资源消耗、建设用地等总量和强度双控行动”“实行最严格的水资源管理制度，以水定产、以水定城，建设节水型社会”“加强水生态保护，系统整治江河流域，连通江河湖库水系”……水利在经济社会发展全局中的战略地位和重要作用将更加凸显。

水利部提出，“十三五”时期，我国将积极践行新时期水利工作方针，加快建设节水供水重大水利工程、完善水利基础设施网络，落实最严格水资源管理制度、建设节水型社会，系统整治江河、推进水生态文明建设，深化水利改革、加快科技创新，着力构建与全面建成小康社会相适应的水安全保障体系。

力争通过五年努力，到2020年实现防洪抗旱减灾体系进一步完善，水资源利用效率和效益大幅提升，城乡供水安全保障水平显著提高，农村水利基础设施条件明显改善，水生态治理与保护得到全面加强……

从粗放用水向节约用水转变，从供水管理向需水管理转变，从局部治理向系统治理转变，从注重行政推动向坚持两手发力、实施创新驱动转变，统筹解决好水短缺、水灾害、水生态、水环境问题。我国治水思路日臻完善，绿色发展理念不断融入水资源利用和保护的各领域。

借着“十三五”规划的东风，我们可以期待，只要牢固树立可持续发展理念，大力治水兴水，推动水治理能力现代化，江河更加安澜、山川更加秀美的美丽中国愿景可期！

参考文献

[1] 陈雷. 新时期治水兴水的科学指南——深入学习贯彻习近平总书记关于治水的重要论述 [J]. 求是，2014，(15).

[2] 胡鞍钢. 超级中国 [M]. 杭州：浙江人民出版社，2015.

[3] 游和平. 毛泽东与水文化 [M]. 北京：中共党史出版社，2014.

[4] 米森. 流动的权力　水如何塑造文明 [M]. 岳玉庆，译. 北京：北京联合出版公司，2014.

[5] 水利部水资源司. 十问最严格水资源管理制度 [M]. 北京：中国水利水电出版社，2012.

[6] 中共中央文献研究室. 邓小平年谱（一九七五——一九九七)》[M]. 北京：中央文献出版社，2004.

[7] 陈启文. 命脉：中国水利调查 [M]. 湘潭：湘潭大学出版社，2012.

[8] 林甘泉，等. 从文明起源到现代化 [M]. 北京：人民出版社，2002.

[9] 黄仁宇. 中国大历史 [M]. 北京：生活·读书·新知三联书店，2007.

[10] 郑国光，等. 中国降水资源概况 [EB/OL]. [2015－07－13]. http：//www. cssn. cn/dybg/bybg－st/201507/t20150713_ 2076874. shtml.

[11] 陈二厚，董峻，王宇，等. 十八大以来习近平60多次谈生态文明 [EB/OL]. [2013－10－28]. http：//Politics. people. com. cn/cn/n/2015/0310/c100－26666629. html.

[12] 邹蓝. 中国水安全与全球水危机 [EB/OL]. [2013－10－28]. http：//www. 21ccom. net/plus/view. php? aid＝94344.

［13］王鑫. 照亮文明古国的水利现代化之路——写在2011年中央一号文件发布之际［N］. 中国水利报，2011-07-09.

［14］陈锐，高立洪，王浩宇，等. 防汛抗洪救灾：中国道路世界瞩目［N］. 中国水利报，2012-07-27.

［15］伍皓，姚润丰，肖春飞. 一切为了人民的生命安全——写在唐家山堰塞湖成功泄洪之际［EB/OL］.［2008-06-10］. http：//news. xinhuanet. com/newcenter/2008-06/10/content-834230/. htm.

［16］于文静，林晖. 谱写"人水和谐"的美丽画卷——我国十年治水启示录［EB/OL］.［2012-10-28］. http：//news. xinhuanet. com/politics/2012-10/28/c-113520389. htm.

［17］谷树忠，李维明. 关于构建国家水安全保障体系的总体构想［J］. 中国水利，2015，(9).

后　记

20 多年前当兵去西藏，一车南方兵、一车北方兵，集结在满眼风沙的甘肃柳园，抖落大篷车上的一层沙子，一个灰头土脸的南方兵冲着戈壁滩发问，“这地方能洗澡吗？”引起了北方兵的一片哄笑，“戈壁滩上想洗澡，做梦娶媳妇吧！”

每个人对水都有不同的感受，在黄土高原长大的我，从小就知道水的金贵，无数次的梦中看到有一条大河从门口流过，但干涸的河床却从来没有改变它数百年、数千年坦露胸襟的模样。

但此后的 20 年间，我却与水结下了不解之缘。作为一名武警水电兵，从雪域高原到三峡工程，从抗洪抢险到拦河筑坝，在一次次凿石安澜、治水办电的战斗中，见证了人类改造江河、驯服江河的决心。五年前，我从一名穿军装的“水利人”，成为一名真正的水利人，走过了无数的大江大河，经历了无数的旱涝交织，才明白，水并不是能不能在戈壁滩上洗一次澡的奢求那么简单。生命不可缺水，没有水，包括我们每一个人在内的生命都不会在这个地球上存活；生产不可缺水，没有水，世界上将不会有一栋房屋，一件衣服，乃至一粒粮食；生态不可缺水，没有水，我们的眼前只能是一片荒芜，哪里还会有赏心悦目的风景。

也正因为如此，我对治水有了更加深刻的认识。水资源短缺、水环境污染、水生态受损等水危机，已成为影响当今世界人类社会可持续发展的重大现实问题，也是一个引起亿万国人警惕和沉思的话题。同时也看到，在寻求人类与水和谐共生答案的历程中，治水上升到治国的高度，水利的内涵也在不继丰富，功能逐步拓展，领域更加广泛，影响更为重大，地位更加凸显。随着一个个治水良策出台、一项项治水规划实施，从国家层面的强力推进，到每一个人的积极参与，让江河更加安澜、山川更加秀美的大国治水之路清晰而坚定。

生命因水而延续，我因水而成长。作为一名水利宣传工作者，面对波澜壮阔的治水壮举，我觉得自己也不能置身度外，用手中的笔，为水而歌，为水立言，也许就是一种最好的表达。多年的点滴努力，汇成一本《大国治水》，只为了我们的生命之源，能够源远流长，奔腾不息。

一本书就像一个孩子，命运是他自己的，成长却需要太多人的关爱。在追求梦想的征途中，回望出发的原点，却是无数的力量在支持着我。《大国治水》要出版了，实现了我一个多年的梦想，而这个梦想却是各级领导、各位老师以及身边的朋友关心爱护下实现的。

承蒙中国散文学会名誉会长、中国报告文学学会顾问、中国现代文学馆原副馆长周明前辈在百忙中为本书作序，我深受感动。

衷心感谢水利部各级领导，特别是新闻宣传中心郭孟卓、陈梦晖、周文凤和姚润丰、孙平国、孟辉、王红育等各位领导在本书写作中给予我指导，并审阅书稿、提出许多宝贵的修改意见。

感谢胡鞍钢、黄仁宇、谷树忠、游和平、陈启文、靳怀春、王鑫、陈二厚、赵永平、于文静、张雪、林晖、高立洪、陈锐前辈专家、作家和新闻媒体记者撰写的大量水利研究专著、文学作品和水利新闻作品，给我提供了宝贵的学习参考，对在文中借鉴引用了他们的作品，在此表示深深的感谢。

感谢贾茜、唐天福、刘义勇、赵清爽、刘丹、苗鹏琳等同事和朋友们对我写作给予的支持和帮助。

2016 年 5 月